U0782356

质性研究方法锦囊丛书

丛书主编　陈向明

如何做案例研究

周海涛　郭二榕　著

教育科学出版社

·北京·

质性研究的多样路径

（代序）

  质性研究方法自 20 世纪 90 年代中期被系统地引入我国，30 多年来，有越来越多的研究者使用质性研究方法开展研究，积累了一大批优秀研究实例，推动了研究方法论的创新。特别是在教育研究领域，随着基础教育课程改革的深入，教育科学研究进入繁荣发展阶段，质性研究由于具备与实践的天然亲和性，强调深入具体情境、重视研究关系、探寻意义解释，因此被广泛地讨论、学习与实践，有效地推动了本土化教育理论的建构，被公认为一种成熟的研究范式，成为大部分高等院校本科生、研究生的必修课程，在很多地区也被纳入教师专业发展的培训计划之中。

  质性研究是以研究者本人作为研究工具，在自然情境下，采用多种资料收集方法，对研究现象进行深入的整体性探究，从原始资料中形成结论和理论，通过与研究对象互动，对其行为和意义建构获得解释性理解的一种活动。由于研究者学术立场和理论旨趣的差异，质性研究方法在发展过程中形成了不同的研究路径。其中最主要的路径包括民族志、现象学、扎根理论、叙事研究、话语分析、案例研究、行动研究①等。这些研究路径反映了质性研究复杂的思想根源、丰富的理论基础，折射出质性研究者所持有的多样化的世界观、文化观与认识论。不同研究路径之间既显著区别又紧密联系，形成了各具特色的发展脉络，其间的张力扩展了研究方法应用的想象空间，构成了质性研究方法体系。

质性研究的入门者通过学习相关的理论知识，通常能够对方法路径形成笼统的认识，但由于缺乏实际的研究经验，尚难以确定哪种路径最适合探究自己的研究问题，也不知道如何着手做此类研究。我曾于2000年出版了《质的研究方法与社会科学研究》一书，系统评介质性研究方法的基本理论、实施过程和发展趋势等，也深入地阐述了自己的质性研究方法论观点。该书出版后，成为国内有代表性的教育研究方法教材，在社会科学总论类著作中引用率名列前茅。但是，有些读者，特别是教育一线工作者，反映这本书规模庞大、内容繁杂，难以自学消化。将其作为高校教材使用时，学习者

---

① 行动研究可以使用任何方法，包括各种量化研究方法。但是，实际上行动研究者大多采用质性研究方法，因此本丛书将其作为一种质性研究的方法路径，用一个分册进行专门介绍。

往往不能在一个学期内学完、学透，更来不及使用所学的方法做一项规范的质性研究。

因此，针对读者在教学和学习中的实际需求，我向教育科学出版社提议，策划出版一套主题聚焦、简明易读、轻巧实用的质性研究方法手册，丛书每一分册聚焦于质性研究的一种方法路径，由熟练使用该研究路径、具有丰富研究和教学经验的国内学者负责撰写，以比较短小的篇幅，介绍各研究路径最核心的理论问题和具体的实施过程，既使入门者能够快速上手，又提供"登堂入室"的学习指南。这就是读者手上这套"质性研究方法锦囊丛书"的由来。

本丛书全面介绍各个研究路径的重要概念、基本特征、历史发展、理论基础、适用对象及范围、资料的收集与分析、研究结果的呈现等，既包含每种研究路径的基本理论和发展脉络，又包括具体的实施和操作方法，并提供真实的研究案例和拓展学习资料，使读者既知其然又知其所以然，可以快速理解和掌握。本丛书既可供读者自学使用，也可作为高校研究方法课的教材或教参。读者既可以通读整套丛书，然后选择适合自己研究问题的方法路径，继续深入学习；也可以有针对性地挑选其中一两个分册，一边阅读一边动手操作，循序渐进地完成一项比较规范的质性研究。

本丛书的作者都是教育研究领域的专家学者，但他们的创作面向的是更广泛的社会科学领域。他们花了大量的时间和精力，颇费苦心地反复讨论和打磨书稿，在力所能及的范围内，用教育学界的经验和成果去反哺社会科学研究。我要感谢每一位作者为质性研究方法的教学和研究做出这一重要的贡献，也感谢教育科学出版社学术著作编辑部对于质性研究方法著作出版始终如一的支持！

陈向明

目录
Contents

何谓案例研究

本章提要

　　首先，探讨什么是案例研究，列举、比对和分析国内外几种权威定义，审慎提出本书中案例研究的定义；其次，从方法论层面分析案例研究方法与其他社会科学研究方法的联系和区别，及其适用条件；最后，讨论案例研究当前面临的质疑以及该方法的局限，并提出相应的解决之道。希望通过阅读本章，你能够了解什么是案例研究、它有何特点、它适宜在什么情况下使用，以及如何尽力克服该方法固有的局限。

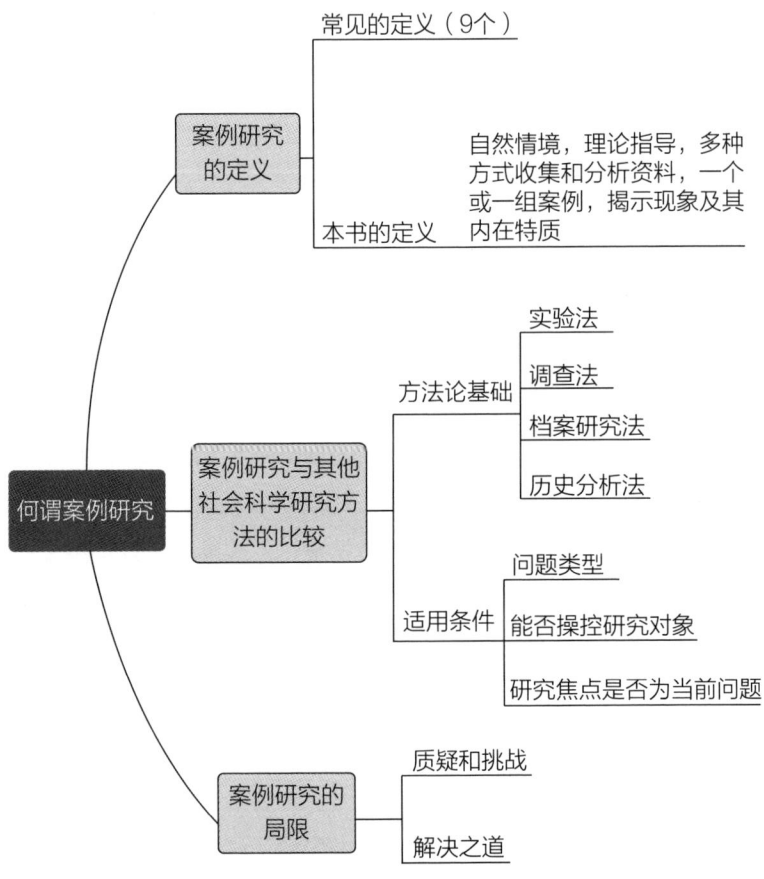

常见的定义（9个）

案例研究的定义

本书的定义　自然情境，理论指导，多种方式收集和分析资料，一个或一组案例，揭示现象及其内在特质

何谓案例研究

案例研究与其他社会科学研究方法的比较

方法论基础
　　实验法
　　调查法
　　档案研究法
　　历史分析法

适用条件
　　问题类型
　　能否操控研究对象
　　研究焦点是否为当前问题

案例研究的局限
　　质疑和挑战
　　解决之道

从一个或几个典型事例中总结和归纳规律，是人类认识世界的一种本能方式，"见微知著""一叶知秋"等成语，都反映了这一思维路径。某种程度上，案例研究也可以说是建立在这种朴素的认识论之上的、经过科学化发展的一种研究方法。那么，究竟什么是案例研究？它有哪些区别于其他研究方法的特点？在什么条件下适宜使用案例研究法？这一章将一一回答这些问题。

第一节　案例研究的定义

近年来，案例研究在社会科学领域已经被比较广泛地运用，不论是在社会学、政治学、人类学、心理学、教育学、经济学、管理学等学科领域中，还是在法律、评估等实践领域中，都能见到运用案例研究方法完成的论著。在这些特定领域中，也有不少介绍案例研究方法的书籍或文章，不少学者都对案例研究做出了自己的界定。下面梳理和讨论其中比较典型的几个定义。

一、常见的定义

伊利诺伊大学厄巴纳-香槟分校的教育学教授罗伯特·斯塔克（Robert E. Stake，1995：14）认为，案例研究是在案例所处的重要背景条件下，探究一个案例的活动及其特殊性和复杂性。其中，案例是一个完整的、有边界的系统。

佐治亚大学的教育学教授莎兰·麦瑞尔姆（Sharan B. Merriam，1988：1-12）将案例研究定义为：对一个有边界的对象（如一个项目、组织、个人、事件等）所做的全面的、综合的描述和分析。案例研究有具体性、描述性、启发性、归纳性等特点。

俄勒冈大学的教育学学者乔伊斯·高尔（Joyce P. Gall）等人指出，案例研究有四个主要特点：一是通过专注于具体的事例或个案来研究某一现象；二是通过多种方式收集资料以深入研究每个个案；三是在自然情境下研究某一现象；四是包含研究者视角（他位视角）和参与者视角（本位视角）的双重视角（高尔 J P 等，2007：293）。

内布拉斯加林肯大学的教育心理学教授约翰·克里斯韦尔（John W. Creswell，又译克雷斯威尔）认为，"案例研究是对某个'限定系统'或某个案例（或综合案例）进行的探究——在整个探究过程中，通过利用具体情境中丰富的多种信息资源来收集详细、有深度（in-depth）的材料。这个受到时间和地点限制的限定系统（bounded system），也就是那个正在被研究的案例——某个事项、某个事件、某种行动或某个人"（克里斯韦尔，2009：69）。

斯坦福大学的管理学教授凯瑟琳·艾森哈特（Kathleen M. Eisenhardt）认为，案例研究是理解某种单一情境下的动态过程的研究策略（李平 等，2012：3）。

波士顿大学的政治学学者约翰·吉尔林（John Gerring）将

案例研究定义为"一种为了理解一类更大规模的相似单位（案例总体）而对一个或少数单位（案例）进行的深入研究"（吉尔林，2017：29）。

南阿拉巴马大学的社会科学研究方法学者伯克·约翰逊（Burke Johnson）等人将案例研究界定为"对一个或多个案例提供了详细阐释的研究"（Johnson et al.，2014：395）。

从事社会科学应用研究的美国学者罗伯特·殷（Robert K. Yin）从范围和特点两个方面界定案例研究方法。从研究范围上看，案例研究是对现实生活中正在发生的现象（"案例"）的深入研究，这种现象与所处背景条件之间没有明显的界限。从特点上看，案例研究有待处理的变量数量比数据点多，需要多渠道收集资料并对资料进行汇合和交叉分析，需要事先提出理论假设以指导资料收集和分析，从而减少工作量、避免走弯路（殷，2017：21-22）。

南京大学社会学教授风笑天（2001：239）将案例研究定义为"对一个个人、一件事件、一个社会集团，或一个社区所进行的深入全面的研究"，它"通过对事物进行深入的洞察，能够获得非常丰富、生动、具体、详细的资料"，"能为后来较大的总体研究提供理论假设"。

为了更好地理解上述学者提出的不同定义，我们拆解出每个定义的要素，并用表格的形式呈现如下（见表1.1）。

表 1.1　学者对案例研究的不同定义

序号	学者	定义要素	学科背景
1	斯塔克	·单案例 ·环境背景 ·案例活动的特殊性和复杂性 ·案例：一个完整的、有边界的系统	教育学
2	麦瑞尔姆	·单案例 ·全面的、综合的描述和分析 ·具体性、描述性、启发性、归纳性 ·案例：一个有边界的对象	教育学
3	高尔	·一个或多个案例 ·自然情境 ·通过案例研究某一现象 ·多种方式收集资料 ·对每个个案深入研究 ·包含研究者（他位视角）和参与者（本位视角）的双重视角	教育学
4	克里斯韦尔	·一个或多个案例 ·具体情境 ·多种信息资源 ·收集详细、有深度的材料 ·案例：受到时间和地点限制的限定系统	教育心理学
5	艾森哈特	·单一情境 ·动态过程	管理学

续表

序号	学者	定义要素	学科背景
6	吉尔林	·一个或多个案例 ·为理解更大规模的相似单位（案例总体） ·深入研究	政治学
7	约翰逊	·一个或多个案例 ·提供详细阐释	社会科学研究方法
8	殷	·一个或多个案例 ·环境背景 ·变量数量比数据点多 ·多渠道收集资料，资料汇合和交叉分析 ·事先提出理论假设 ·案例：现实生活中正在发生的现象	社会科学应用研究
9	风笑天	·一个或多个案例 ·深入全面的研究 ·深入洞察，丰富、生动、具体、详细的资料 ·为较大的总体研究提供理论假设 ·案例：一个个人/事件/社会集团/社区	社会学

比对不同学者定义中的要素，可以发现两个主要特点。第一，早期学者倾向于将案例研究定义为单案例研究，而近年来学者们普遍认同案例研究可以包含一个或多个案例。第二，多位学者都从研究前提、研究目标和资料收集等几个方面来对案例研究下定义。例如，五位学者提到案例研究是在案例所处的背景条件，即自然情境下的研究；六位学者指出案例研究的目标是形成对案例深入、全面、综合的分析；三位学者认为案例研究是为了

实现对总体或某一现象的理解；四位学者提到需要多渠道收集尽可能丰富的资料；等等。

二、本书的定义

上文列举的不同年代、不同学科背景的学者对案例研究的定义，从不同的侧面为我们勾勒出了案例研究的概念。本书在已有研究的基础上，整合案例研究最核心的特点，提出如下定义：案例研究是在自然情境中，在理论指导下通过多种方式收集和分析资料，以深入探究一个或一组案例，从而揭示当下某种现象及其内在特质的研究。其中，"案例"是有一定时空边界的一个单位，它可以是某个人、某个人群、某个组织、某个事件或某项行动。

这一定义反映出案例研究具有以下几个特点，正是这些特点将案例研究方法与其他重要的社会科学研究方法区别开来。

第一，案例研究是在自然情境中（而非实验室中）开展的研究，它不操纵或控制研究对象，并且重视真实情境与案例的关系，因而研究中的变量往往很多。

第二，案例研究变量多的特点，要求研究者从多渠道收集详细、有深度的资料，并对资料做汇合和交叉分析，而不能仅通过单一途径收集和分析浮于表面的信息。

第三，案例研究资料收集和分析方法的复杂性，要求我们在研究前形成一定的理论假设，从而指导研究过程，避免走弯路。

第四，案例研究的目的在于揭示当前正在发生的某种现象及其内在特质，因而它不是对过去发生的事件的研究。

第五，案例是有时间和空间界限的，因而案例研究需要对案例做出清晰界定和边界划分。

第二节 案例研究与其他社会科学研究方法的比较

社会科学研究方法多种多样，其中，实验法、调查法、档案研究法、历史分析法以及案例研究法是最常用的五种方法。不过，这些研究方法往往具有不同的方法论基础，也有各自适用的条件。本节便围绕这两点，分析案例研究方法与其他社会科学研究方法的异同。

一、方法论基础

不同研究方法的哲学基础、研究范式、逻辑过程、主要目标、资料收集和分析技术有所不同，也即方法论有所不同。

实验法是"一种经过精心的设计，并在高度控制的条件下，通过操纵某些因素，来研究变量之间因果关系的方法"（风笑天，2001：188）。实验法起源于自然科学，20世纪被引入社会科学，形成了实验室实验和实地实验两种类型。实验研究的目标是揭示变量间的因果关系；研究的要素包括实验组与控制组、前测与后测、自变量与因变量；经典的研究逻辑是随机设立实验组和控制组，对两个组同时实施前测，然后对实验组施加实验刺激而不对控制组施加刺激，接着进行后测，比较两个组前后两次测量结果的差别，从而得出实验刺激的影响。实验法是量化研究方法的一种，在几种社会科学研究方法中最直接地基于实证主义原则。

调查法是"一种采用自填式问卷或结构式访问的方法，系统地、直接地从一个取自某种社会群体的样本那里收集资料，并通过对资料的统计分析来认识社会现象及其规律的社会研究方式"（风笑天，2001：153）。调查研究起源于历史上大规模的行政统计调查，逐渐发展出社会概况调查、市场调查、民意调查以及研究性调查。调查法区别于其他研究方法的特点是：有相对较大规模的随机样本，需要用特定的工具（调查问卷）收集资料，研究所得资料是较大规模的量化资料（数据）。其主要的研究逻辑是"提出问题和假设—确定变量—收集数据—分析数据—解释结果"（Johnson et al., 2014：395）。这种方法可以兼顾描述和解释、实践和理论多方面的目的，能够"建立一种有关社会生活中各种人群的态度、意见和行为的概括性知识"（Johnson et al., 2014：395），但在揭示因果关系方面不如实验法有效。

档案研究法是一种通过收集和分析现存的，以文字、数字、符号、画面等信息形式出现的文献档案，来探讨和分析各种社会行为、社会关系及其他社会现象的研究方式（风笑天，2001：217），又称为文献研究。这种方法的独特之处是其资料来源，即无须直接接触研究对象，不会在研究中生成数据，而通过收集现有的文献档案获得资料，例如日记、书信等个人档案，和政府报告、记录、计划、统计数据等官方档案。在应用上，档案研究可分为内容分析、二次分析和现存统计资料分析三种类型。这种方法具有不干扰研究对象、成本低、可接触的时空范围广、易于做纵向研究、可重复等优点，但也有某些档案获取和分析难度大、文献质量难以保证等明显的缺点。档案研究法的哲学基础是人文主义。

历史分析法是通过梳理研究对象的历史变迁，从而揭示某些特征、模式或规律的研究方法。历史分析法与档案研究法有一定的重合之处，比如，档案也是历史分析的资料之一。但这两种方法之间仍然有显著的区别。从资料来源上看，历史分析法还包括其他资料来源，如研究者可以对个体访谈以获取其对过去事件的回忆，形成口述史研究。此外，这两种方法的研究目的不同，历史分析法的主要目的是陈述和解释过去发生的事情、弄明白历史事实的真相、揭示历史的规律，而档案研究法虽然也可能会关注社会问题的变迁，但主要是为了揭示当下的和普遍的情况。与档案研究法的哲学基础一样，历史分析法也是基于人文主义而非实证主义的一种研究方法。

总体而言，实验法、调查法是偏量化的研究方法，其哲学基础是实证主义，往往基于科学范式，通过实验、量表等途径收集资料并对其进行统计分析，借助演绎推理的研究逻辑检验理论，研究的主要目标在于揭示变量间的相关或因果关系。与此相对，档案研究法、历史分析法和案例研究法是偏质性的研究方法，其哲学基础是人文主义，研究范式是自然主义范式，借助归纳推理的逻辑进行理论建构，研究的主要目标在于深入理解社会现象。由此可见，案例研究方法与其他四类社会科学研究方法在方法论上各有异同，不同的研究方法之间其实没有高下之分，只是对于不同的研究问题，在不同的研究条件下，某种或某些研究方法是更好的选择而已。

二、适用条件

如前所述，由于方法论基础的区别，不同的研究方法往往更适合特定的条件、更易于回答特定类型的研究问题。那么，具体研究中如何判断应该选择哪一种方法？案例研究法又适合在什么条件下使用呢？考虑以下三个条件将有助于研究者做出合适的选择：研究问题的类型、能否操控研究对象、研究焦点是否为当前问题（见表 1.2）。

表 1.2 不同研究方法的适用条件（改编自殷，2017：12 13）

研究方法	适用条件		
	（1）研究问题的类型	（2）能否操控研究对象	（3）研究焦点是否为当前问题
实验法	怎么样？为什么？	能	是
调查法	什么人？什么事？在哪里？	否	是
档案研究法	什么人？什么事？在哪里？	否	是/否
历史分析法	怎么样？为什么？	否	否
案例研究法	怎么样？为什么？	否	是

首先，判断研究问题的类型，有助于缩小研究方法选择的范围。通常情况下，研究不外乎为了回答五类问题，即"4W＋1H"：什么人（who）、什么事（what）、在哪里（where）、怎么样（how）以及为什么（why）。关于"什么人""什么事""在哪里"的问题主要用描述性的信息就能回答，而有关"怎么样""为什么"的问题则需要用解释性的信息和语言回答。虽然上述的五类研究方法根据其研究目的可以区分为探索性、描述性和解释性研究，如探索性实验研究、描述性调查研究、解释性档案研究等，但是从五种方法的横向比较来看，一些方法更适合回答描述性的问题，而另一些方法更适合回答解释性的问题。具体而言，调查法与档案研究法比较适合回答"什么人""什么事""在哪里"等描述性问题，因为调查法和档案研究法能够提供有关某一主题的大量的描述性信息。前者主要是通过较大规模的问卷调查获得数据，后者则主要通过原始文献、二次文献等获得信息，对这两类研究方法，可以根据不同数据的可获得性来做出选择。相比之下，案例研究法、历史分析法和实验法更适合回答"怎么样""为什么"的问题，因为它们不是简单呈现事物的频率、范围等描述性信息，而是按照时间顺序追溯相关事件，并分析事件之间的具体关系，其研究逻辑、资料收集和分析的方法决定了它们能够相对有效地揭示事物背后的原因、机制和规律。

其次，面对"怎么样""为什么"一类的问题，考虑能否操控研究对象以及研究焦点是否为当前问题，有助于研究者在案例研究法、历史分析法和实验法三者之间做出选择。只有当研究者有条件直接、精确、系统地操控研究对象时，才能使用实验法，因为实验法的逻辑是在前测的基础上，对实验组施加实验刺激（操纵自变量），然后观察其与未施加刺激的控制组的区别，从而揭示自变量和因变量之间的关系。因而，当无法控制或操纵研究对象，且研究主要关注过去的问题时，历史分析法最适宜；如果关注的焦点是当前的问题，但无法控制相关因素时，则适合选用案例研究法。

综上所述，在不同的条件下，对于不同的研究问题，要选取最适宜使用的研究方法。当研究焦点集中于当前现实，需要回答"怎么样""为什么"类型的问题，且无法控制和操纵相关因素时，案例研究便能派上用场、大展身手。

第三节　案例研究的局限

一、质疑和挑战

案例研究作为一种研究方法，虽然已经在社会科学各学科中得到比较广泛的使用，但它仍然受到一些质疑或误解。当然，作为一种研究方法，它的确存在不够完美之处，这是从事案例研究的研究者必须面对的挑战。

案例研究常常面临的一个质疑是，这种方法是否严谨。根据殷的观察，一方面，这种质疑是由于一部分研究者的马虎和粗心，例如使用模棱两可的证据，或者没有遵循系统的研究程序，以至于研究结论失实，给人留下案例研究不够严谨的印象；另一方面，则可能是由于案例研究相关的方法论教材较少，对案例研究步骤和程序的详细说明相对匮乏，所以人们不够了解这一研究方法，同时使用时也可能因为缺乏指导而失误（殷，2017：25）。与之相对，其他研究方法由于方法论书籍丰富，人们也对其相对熟悉，因而很少受到"缺乏严谨性"的质疑。

人们对案例研究的另一个质疑是，这种方法是否科学。持这种观点的人认为，案例研究的归纳不是统计性的而是分析性的，这就使归纳带有一定的随意性和主观性。其实，仔细考察这一质疑便会发现，它主要基于实证主义的方法论哲学，而非人文主义。我们已经讨论过，案例研究法与档案研究法、历史分析法一样，都是建立在人文主义哲学基础上的研究方法，它们强调研究社会现象时充分考虑人的特殊性，发挥研究者的主观性，要"投入理解"。因此，用"向自然科学看齐"的实证主义方法论来衡量和批评案例研究，其实是失之偏颇和有失公允的。

除了上述对案例研究略带偏颇的质疑或误解之外，案例研究在资料分析和研究"成本"方面的确面临一些挑战。一方面，研究者偏见会对资料分析产生影响。尽管案例研究在资料分析方面有特定的分析策略和分析技术（本书的第五章会详细介绍），但分析的效度仍然可能会因为研究者偏见而受到影响。不同于对量化数据的"标准化"统计分析，在案例研究中对多样化资料的归纳分析和意义阐释会更容易受到研究者个人主观因素的影响——研究者对证据的选取和对资料的解释带有可选择性。因此，不同的研究者在意见上的分歧以及研究者的其他偏见，都会影响数据分析的结果。另一方面，一个好的案例研究往往耗费大量的时间和人力。案例研究要求研究者多渠道收集资料，使用多种证据来源，例如文件、档案记录、访谈、直接观察等，仅仅是资料收集的过程便不是十天半月的时间能够完成的。此外，资料分析时的三角验证、证据链建立等要求都对研究者的时间、精力和脑力提出了较高的要求。

二、解决之道

分析人们对案例研究的质疑以及案例研究面临的挑战可以发现，它们都伴随案例研究自身的特点而来。但正如前文分析的，这些质疑在较大程度上是站不住脚的，而现存的挑战其实也并非无法克服。

首先，面对案例研究是否严谨的质疑，可以预见，随着方法论著作和运用该方法展开的研究数量增加，案例研究的真实面貌会更加清晰地呈现出来，人们对它的误会和误用会相应地减少，这一类质疑的声音也会逐渐削弱。同时，当从人文主义方法论的角度来看案例研究时，对其是否"科学"的怀疑自然也没有了立足之地。

其次，对于案例研究在资料分析方面的挑战，我们需要注意的是，研究者偏见的影响在任何研究方法中都可能出现，例如在调查问卷的设计中、在历史分析的材料选取和阐释中、在实验研究的操作过程中等。因而，同其他方法类似，案例研究需要尽可能地严格按照系统、客观和完善的操作方案执行，以最小化研究者偏见造成的对某些资料的"视而不见"或误读。

最后，大量的时间耗费和密集的劳动量是案例研究中一个非常现实的问题，这可能无法避免。不过，对于某些研究课题来说，如能主要通过网络查阅和收集数据，或者通过图书馆查阅档案以完成资料收集工作，而不涉及实地调研、参与式观察等资料收集方式，那么就能减少许多工作量。当然，必须承认，这是可遇不可求的。

📑 结语

这一章我们探讨了什么是案例研究，案例研究的特点、适用条件、局限及其解决之道。我们认为，案例研究是在自然情境中，在理论指导下通过多种方式收集和分析资料，以深入探究一个或一组案例，从而揭示当下某种现象及其内在特质的研究。其中，"案例"是有一定时空边界的一个单位，它可以是某个人、某个人群、某个组织、某个事件或某项行动。案例研究法是建立在人文主义方法论基础上的研究方法，它遵循自然主义的研究范式，因此重视案例与其所处环境背景的关系，要求通过收集文件、档案记录、实物证据或访谈、直接观察等多种途径获取详细丰富的资料，并且要求研究者"投入理解"。此外，案例研究的关注点是当下的问题而非历史问题。因而，案例研究法区别于实验法、调查法等基于实证主义方法论的研究方法，也与档案研究法和历史分析法等不同，它适合回答"怎么样""为什么"类型的问题，尤其是研究焦点为当前现实问题且无法控制和操纵研究对象时。

与此同时，案例研究常面临是否严谨、科学的质疑，这提示我们在使用这一方法时，一定要遵循系统的研究程序，并且学会从人文主义方法论的视角来评判研究质量。当然，研究者偏见的确容易影响研究效度，资料收集和分析所需的时间和人力成本也不容忽视。对此，按照系统、客观和完善的操作方案以及巧妙的研究设计展开研究，在一定程度上能够应对这些挑战，而这些都对研究者提出了较高的要求。

❓ 思考题

1. 从社会科学期刊中找出几篇采用案例研究方法开展研究的论文，分析这些研究有哪些特点。它们更契合本章列举的哪一个定义？

2. 试比较案例研究法与实验法、调查法、档案研究法、历史分析法之间的异同，并列举几个适合用不同研究方法研究的问题。

3. 如果运用案例研究法来研究你感兴趣的议题，你将提出哪些研究问题？

⌨ 拓展阅读

1. 罗伯特·K. 殷著《案例研究：设计与方法》（周海涛、史少杰译，重庆大学出版社 2017 年版）第一章。作者对案例研究的内涵和外延、适用条件做了非常详细的说明。

2. 约翰·吉尔林著《案例研究：原理与实践》（黄海涛、刘丰、孙芳露译，重庆大学出版社 2017 年版）第三章。作者从案例研究法与调查法对比的角度详细分析了案例研究适合做什么，有助于读者加深对案例研究适用条件的认识。

3. 风笑天著《社会学研究方法》（中国人民大学出版社 2001 年版）第一章。作者分析了不同类型的方法论，对比了量化研究和定性研究方法论的区别，有助于读者比较案例研究方法与其他社会科学研究方法的联系与区别。

─── 参考文献 ───

风笑天，2001. 社会学研究方法［M］. 北京：中国人民大学出版社.

高尔 J P，高尔 M D，博格，2007. 教育研究方法：实用指南［M］. 屈书杰，郭书彩，胡秀国，译. 北京：北京大学出版社.

吉尔林，2017. 案例研究：原理与实践［M］. 黄海涛，刘丰，孙芳露，译. 重庆：重庆大学出版社.

克里斯韦尔，2009. 质的研究及其设计：方法与选择［M］. 余东升，译. 青岛：中国海洋大学出版社.

李平，曹仰锋，2012. 案例研究方法：理论与范例：凯瑟琳·艾森哈特论文集［M］. 北京：北京大学出版社.

殷，2017. 案例研究：设计与方法［M］. 周海涛，史少杰，译. 重庆：重庆大学出版社.

JOHNSON B，CHRISTENSEN L，2014. Educational research：quantitative，qualitative and mixed approaches［M］. 5th ed. Thousand Oaks：SAGE.

MERRIAM S B, 1988. Case study research in education: a qualitative approach [M]. San Francisco: Jossey-Bass.

STAKE R E, 1995. The art of case study research [M]. Thousand Oaks: SAGE.

第二章

为什么做案例研究

📑 **本章提要**

  阐述案例研究的一般价值、独特优势及与其他研究方法综合运用的效果，帮助理解使用案例研究方法的重要性和必要性。具体而言，案例研究能够弥补统计检验的不足，有助于全面深入认识复杂的问题和现象，有助于建构和发展理论；同时，针对难以接触到的特殊研究对象或对某一对象进行长时间追踪研究，案例研究有独特的优势；此外，案例研究与调查研究、文献研究等方法混合使用，能产生很好的效果。

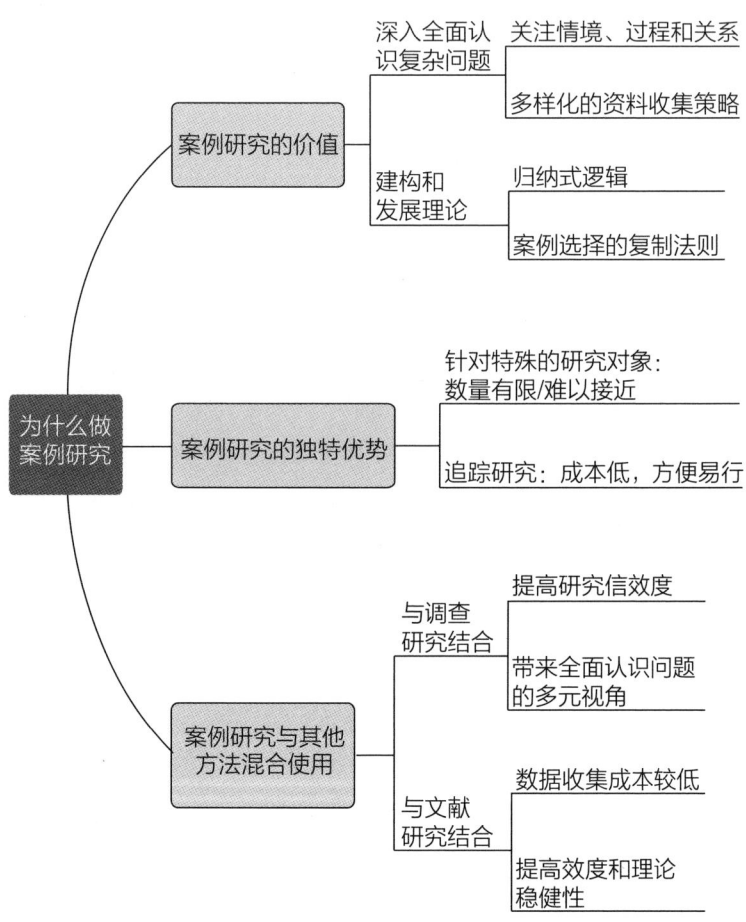

通过上一章的讨论，我们已经明白了什么是案例研究，它的适用情境有哪些，也了解到这种研究方法面临一些质疑和挑战，而克服这些挑战对研究者素养提出了一定的要求。这样看来，案例研究并非完美无缺，还有一定难度，那么我们为什么还要使用这种方法呢？本章将说明，案例研究具有哪些不可替代的价值，值得我们郑重考虑和认真学习。需要说明的是，本章的讨论都建立在第一章提到的适合使用案例研究的前提下，即研究聚焦于当前问题、不操控研究对象、以"怎么样""为什么"为主要问题。

第一节　案例研究的价值

作为重质性的一种研究方法，案例研究同其他质性研究方法一样，能够通过较长时间地、近距离地与研究对象接触，达到对复杂问题较为全面和深入的认识，并有助于揭示现象背后的模式和机制，实现理论的建构和发展。

一、深入全面认识复杂问题

案例研究在认识复杂问题上的优势，主要来源于两个方面：一是其对情境、过程和关系的关注（黄江明 等，2011），二是案例研究多样化的资料收集策略。

一方面，好的案例研究需要突出情境、展示过程和揭示关系，这有助于加深人们对复杂问题的理解。在第一章中，我们已经指出案例研究是在自然情境中开展的研究，它不像实验研究或调查研究那样仅仅关注少数几个变量，通过统计检验等方式来揭示变量间的关系。案例研究方法关心案例与其所处情境之间的互动，这就非常有利于揭示"怎么样""为什么"一类的问题。比如，教师如何将新的教学方法或教学模式运用到自己的课堂中？为什么有些学校的教学改革和课程改革进展顺利、效果良好，而另一些学校则举步维艰？通过观察、描述和分析这些教师或学校所处的具体情境，研究者能够深入探究现象背后的原因。案例研究对具体情境的关注，也使它易于追踪事件发生的过程，打开一个故事发生、发展和结束的"黑箱"，这是进一步分析事件背后机制和原理的关键。在展示过程的基础上，一个好的案例研究还需要揭示故事背后的运行逻辑，包括促使事件发生、发展的关键因素及它们之间的关系，例如人际互动的关系网络等。因此，一个好的案例研究需要关注情境、过程和关系，这要求研究者对案例做出有深度的、详细的描述，即"深描"（thick description），既呈现出事件发展的关键脉络，又不牺牲丰富多样的动态细节。按照这样的标准进行研究，就像是剥洋葱一般，层层深入，逐渐接近事物的本质核心。这个过程在客观上使研究者深入了解事物的本质，加深了人们对复杂现象的认识，而不仅仅是浮光掠影、走马观花地研究某一问题。

另一方面，案例研究多样化的资料收集策略，有助于拓展人们的认识，实现认识的全面性。不同于第一章提到的其他几种常见的社会科学研究方法，案例研究在资料收集方法上不拘一格，综合运用多种策略来获取数据，其来源包括但不限于档案、文件、访谈、观察和实物。也就是说，案例研究不像实验法只能从实验室中获得资料，也不像调查法主要以问卷的形式获得数据，它既可以从档案、文件和实物等已经存在的静态事物中得到资料，又可以通过访谈、观察等方式从实地获得动态信息。通过多个途径和渠道获得的信息还可以相互验证，去伪存真，从而帮助我们从不同的角度和侧面来认识同一个事件。这就好比中医讲究"望、闻、问、切"，用四种不同的方法来收集同一个对象的信息，从而获得对其的全面了解。上述几种资料收集策略的具体含义及使用方法，我们会在第五章中详细阐述。即使你目前不了解每一种资料来源具体指什么，相信通过这一番说明，也能理解多种资料来源对于全面认识事物的作用。

其实，案例研究在认识复杂问题方面的优势，还表现为它有助于建构和发展理论，这与本节的第二点密切相关，下文将对此详细说明。总而言之，由于对情境、过程和关系的关注，以及多样化的资料收集策略，案例研究有助于人们深入全面地认识复杂问题，加深对社会和世界的理解。

二、建构和发展理论

我们做研究的目的，往往不仅仅停留在了解某一具体问题的层次上，通常还包括获得超越具体问题和情境、对某一类问题和现象都有一定解释力的结论。这种结论不是对事物表象的认识，而是对事物的本质，或者说是对事物运动过程的内在逻辑的认识，我们将其称为"理论"。由于理论是对事物本质的把握，因此不仅具有学术价值，而且对于实践也有较强的指导作用。根据理论本身的抽象程度和所解释现象的全面程度，可以将其分为三类：宏大理论、中层理论（middle-range theory）和细微理论。宏大理论是高度抽象、复杂的系统理论，试图将社会、组织和个体等所有层面囊括在内并解释整个世界是如何运行的，例如马克思的阶级斗争理论、达尔文的进化论、中国道家的阴阳理论等。与之相对，细微理论又称"工作假设"，是指普通人在日常生活中建立起来的常识，比如，当你早上出门时，在楼道里碰到一位西装革履的邻居急急忙忙地上楼，你推测他可能是出门时落了东西在家，因此返回来取。案例研究并不擅长建立宏大理论，这也不是它的追求；它也不仅止步于形成细微理论，这由生活经验便可完成；它所擅长的是建立一种介于宏大理论与细微理论之间的中层理论，即通过相对具体的分析框架来解释具有一定边界和复杂程度的现象的理论，比如角色理论、有限理性理论、交易成本理论等，这也正是罗伯特·默顿（Robert K. Merton）所提倡的社会科学的追求（默顿，1990：54-93）。因此，下文中的"理论"主要指中层理论。

为什么说案例研究方法非常适合构建和发展理论呢？这与案例研究方法背后的逻辑和它在案例选择方面的特殊性有关。一方面，在研究逻辑上，案例研究本质上是一种归纳式研究。它的起点是丰富生动的现象,研究者通过对案例本身的细致观察和分析,进而从复杂的现象中抽取、提炼和凝结出理论命题,这是一个由繁到简、由特殊到一般的归纳过程。这种逻辑决定了案例研究非常擅长建立根植于丰富实证资料的新理论,且这种理论往往是坚实的、可验证的。与之相对的是演绎式研究,这种研究往往是从已有的理论命题出发,通过收集实证资料来验证它们,从而拓展现有理论的边界、推广其适用范围,或者在某些方面调整、补充已有的理论命题。演绎式研究在验证或者完善已有理论方面更有优势,而在理论创新方面比较困难,量化研究大多是这一类型。需要说明的是,尽管案例研究的整体路径是归纳式的,但这并不是说在操作中不能带有任何理论前设。事实上,当我们感到某个现象十分值得研究时,往往需要在研究设计时提出一定的竞争性假设,并在其指导下开展后续的案例选择、资料收集和分析工作,这正是帮助案例研究开展归纳分析工作进而建立可靠理论的一个关键。关于理论假设在案例研究中的作用及具体使用方法,我们会在第四章详细说明。总之,相比于演绎式研究,遵循归纳式逻辑的案例研究在构建和发展理论方面独具优势。

另一方面,在研究对象选择上,案例研究遵循的复制法则也使它易于构建理论。不同于大样本量化调查研究在选择样本时所重视的随机性抽样逻辑,案例研究在选择案例时遵循复制法则,二者之间存在本质不同,因此殷尤其强调应当避免将案例等同于统计调查中的样本(殷,2017:71)。统计调查的逻辑是通过对一部分人的研究来了解一个群体的特征。因此,统计调查非常重视样本的代表性，抽样时通常依据概率论的基本原理，遵循随机性原则，以避免人为因素带来的误差。例如，简单随机抽样就需要首先对总体中所有个体编号，然后从总体中随机抽取待调查的对象，确保样本能够在最大程度上反映总体的特征。

与之相对，多案例研究选择个案的方式与多元实验类似，遵从复制法则，包括逐项复制（literal replication）与差别复制（theoretical replication）两类。前者通过选择相似案例，试图产生相同的结果，目的是在多个案例上重复验证所得的结论；后者则有意识地调整案例选择标准，从而基于可预知的原因在案例间得到相异的结果，以验证或者排除竞争性解释。一项多案例研究往往需要同时运用逐项复制和差别复制来选择个案。复制法则的运用，有助于增强多案例研究所得理论的可靠性、坚实性和可验证性①。由于复制逻辑对于理论建构的优势，一些学者将其称为"理论抽样"（李平 等，2012：36）。在单案例研究中虽然无法实施复制法则，但单案例研究的案例是典型的案例、反常/极端的案例、启示性的案例、追踪性的案例或者批判性的案例，我们将在第三章说明，这些类型的案例通过不同的方式而具备挑战和生成新理论的潜力。总而言之，统计调查的抽样逻辑决定了它更擅长验证理论，而不是创造和建构理论；而案例研究中案例选择的法则，决定了它进行理论创新的相对优势。

案例研究在构建和发展理论上的优势受到不少学者的肯定，

---

① 关于单案例研究与多案例研究的更多特点，我们将在第三章"做什么样的案例研究"中进一步展开讨论。

例如高等教育研究领域的著名学者伯顿·克拉克（Burton Clark），在回顾自己的学术生涯时就曾提到，包括博士论文在内，"无论我研究什么，我的工作模式都是三步：案例研究、构造概念、写书"（克拉克 等，2002）。通过案例研究，克拉克提出了"国家–学术–市场三角协调模型""创业型大学"等著名理论或概念，在高等教育研究领域影响深远。

通过上述讨论，我们可以看到，案例研究的归纳式逻辑和案例选择的复制法则使这种方法不仅能够发展和完善现有理论，更在理论创新方面具有重要价值。

第二节　案例研究的独特优势

案例研究除了在认识复杂问题和构建理论方面具有重要价值外，在研究较为特殊的对象或对某一问题进行追踪研究时，也具有超越其他方法的独特优势。对此，本节将分别予以讨论说明。

一、针对特殊的研究对象

对于某些比较特殊的研究对象，这里主要是指数量有限或难以接近的研究对象，案例研究方法比其他常见的社会科学研究方法更有优势。

上述两种研究对象的特殊性，给研究者的探究活动带来了一定阻碍。对于那些数量有限甚至比较稀缺的研究对象，调查统计方法失去了价值。因为统计通常对样本量有较高的要求，如果样本数量达不到一定标准，则统计结果，尤其是统计推断结果的可信度就会大大降低。即使抛开样本数量对研究结果可信度的影响不谈，对于这类研究对象来说，调查统计的方法也绝不是一个能够产生丰富研究成果的方法。这种方法大多通过问卷来收集信息，其所能涵盖的变量信息通常是有限的，而对于这些"珍贵"的研究对象来说，仅探讨与它们相关的少数变量，而忽略它们蕴含的其他丰富的、有价值的信息，实在是一种"资源浪费"。这种情况下，由于案例研究方法对情境、过程和关系的关注，研究者在深入研究对象内部对其进行全方位和近距离的观察时，便能够充分发掘有限的研究对象所呈现的丰富多样的信息，比较全面和深刻地呈现出案例的特殊性。例如，克拉克在20世纪90年代注意到，在长期资源约束、需求多元和激烈竞争的条件下，一些原本名不见经传的大学却适应良好，走在了"变化的最前沿"。在变化的环境中，许多大学都面临发展的困难，成功转型的大学是少数，因此这些大学非常值得探究。克拉克采取的研究方法便是案例研究。他选取了欧洲五所成功转型的大学深入调研，在充分收集和分析资料的基础上，提出了"创业型大学"（entrepreneurial university）这一大学组织模型及其五个要素，揭示了这些大学适应变化的秘诀（克拉克，2003）。对于这种数量稀缺的转型大学，要探讨它们何以成功，案例研究毫无疑问是最适合的研究方法。

另外一些研究对象，由于其难以接近的特点，也使得案例研究方法大放异彩。难以接近的研究对象通常也是数量有限的，但接近它们的困难还来自更多方面，比如它们的隐匿性、排外性、危险性、所处地位的边缘性等。一旦研究者有机会对其进行研究，那么深入其中收集尽可能丰富的资料，并将其视为一个整体进行全面深入的描述和分析，甚至揭示其背后的运行机制和原理，才能得到极具启示性（revelatory）的研究结果，这往往会是学术上的重要贡献。比如，著名的社会学者威廉·富特·怀特（William Foote Whyte）对一个意大利人贫民区的研究成果——《街角社会：一个意大利人贫民区的社会结构》，便是这类研究的典型。虽然美国汇聚了世界各地的移民，但直到 20 世纪早期，移民社区一直未得到学界的细致研究，而仅有的描述都是"见物不见人"。怀特在 1936—1940 年对波士顿市的一个名叫"科纳维尔"的意大利人社区进行了参与式观察，描绘了这个社区中的意裔青年的生活状况、非正式组织的内部结构和活动方式，以及社区内不同群体之间的关系，进而揭示了该社区的社会结构及相互作用方式。（怀特，1994）正如作者在书中所说，"对于这个城市的其他人来说，这是一个神秘、危险和令人忧虑的地区。从高级的商业区大街步行到科纳维尔，仅仅需要几分钟的时间，但是商业区大街的居民走到这里来，却是从一个熟悉的环境进入了一个未知的世界"（怀特，1994：6）。作为一个中产阶级白人，怀特为了进入这个意大利人贫民区遇到了不少麻烦，甚至在他的整个研究过程中都是如此。正因为怀特对如此难以接近的社区进行了深入研究并揭开了它的神秘面纱，所以该案例成了社会学研究中的经典，启发了后来的许多研究。

二、追踪研究

除了对数量有限或难以接近的研究对象的探索外，案例研究在进行追踪研究方面也有其他方法所不具备的特殊优势，这主要表现在研究成本低和方便易行两个方面。

案例研究是对一个或一组案例的详细深入探讨，研究项目中的案例数量基本上都在十个以内，否则便难以实现对每个案例的深入考察，案例研究也可能因此而名不副实。正是由于案例数量有限，因此在有限的研究时间、精力和经费的约束下，对所有案例保持追踪才有较强的现实可行性。试想，如果在一段较长时间内需要对研究对象进行持续的观察和探究，或者每隔数月或数年就要重访一次现场，那么多次追踪几个研究对象远比寻找几百个或者更多的研究对象更容易操作。虽然，近年来一些研究机构通过抽样调查的方式对成千上万的个人或家庭进行持续追踪，并建立了大规模的数据库，其意义和价值也非同凡响，但这种研究方式耗资巨大，往往只有少数研究机构才能做到。对于个体研究者，或者由几个人组成的研究团队来说，案例研究仍然是在追踪研究方面可选的最佳方案。

除了研究成本较低之外，案例研究方法在追踪研究上还有另一个让人意想不到的优势——我们不一定非要在研究设计时便决定是否进行追踪研究，而是几乎可以在任何时候提出并实践这个想法，这也是由案例数量有限的特点所决定的。但在大规模抽样调查中，如果在研究设计阶段没有考虑好对样本的追踪方式，那么在第一次调查结束后想要再联系上如此大规模的研究对象，其成本和效果可能就不尽如人意了。与之相对，在案例研究中，由于案例数量的有限性以及研究者对每一个案例介入的深入程度，即使在研究结束若干年之后研究者想要重访研究对象，也有非常大的实现可能性。以前文提到的怀特的研究为例，也许在他最初探访意大利人贫民区的时候，并没有设想对其进行追踪研究，但他在离开"街角社会"40 年后，于 1980 年前后重访了科纳维尔，追踪描述了书中几个主要人物这些年的经历和该地区的变化。如果他采取的不是案例研究方法，不是只探讨了这一个社区的话，难以想象在研究结束 40 年后他如何实现这一重访。除此之外，克拉克（2008）对几所创业型大学的研究、林德夫妇（Lynd R S et al., 1929, 1937）对美国一个市镇"米德尔顿"的研究，都是通过案例研究的方法进行了持续的追踪，才得以深刻地揭示其研究现象背后的运行逻辑。

综上所述，案例研究方法的特点使它非常适合研究数量有限或难以接近的研究对象。同时，它在追踪研究方面较低的成本和较高的现实可行性，也显示出其相比于其他研究方法难以替代的独特优势。

第三节　案例研究与其他方法混合使用

案例研究方法的另外一个优势是，易于与其他实证或非实证方法混合使用，并通过这种混合研究设计达到提升研究结果综合性或降低研究成本的效果。目前常见的是，案例研究与调查研究或与文献研究相结合使用。需要注意的是，混合研究对使用者提出的要求很高，研究者需要同时熟悉将要结合的两种或多种方法，并且需要针对特定的研究问题和情境设计特定的、适切的混合研究方案。因此，研究者要真正理解案例研究如何与其他方法结合使用，一方面需要掌握案例研究方法本身，另一方面需要阅读混合方法研究的专门书籍。本节重在探讨案例研究与其他方法混合使用的价值和意义，加深读者对"为什么做案例研究"的理解，而对于如何操作则只是一带而过。

一、案例研究与调查研究结合

案例研究与调查研究相结合是一种典型的混合方法研究（mixed methods research）。克里斯韦尔将混合方法研究界定为：社会科学、行为科学和健康科学领域的一种研究取向。持有这种取向的研究者同时收集定量（封闭的）数据和定性（开放的）数据，对两种数据进行整合，然后在整合两种数据强项的基础上进行诠释，更好地理解研究问题。（克雷斯威尔，2015：2）我们在第一章里已经讨论过，作为质性研究方法的案例研究，其哲学基础是人文主义，而量化研究方法的哲学基础是实证主义，那么二者具备相容和混合使用的哲学基础吗？一种有说服力的观点认为，混合方法研究的基础是实用主义，即为了更好地理解和回答研究问题，应当抛开量化和质性研究在抽象理念层面的分歧和范式分野，把数据收集、分析和诠释放在核心的位置，使两种研究方法彼此取长补短。

我们在第一章第二节已经初步介绍了调查研究，它通常会涉及抽样、操作化、测量、统计分析等要素，因此不同于案例研究，调查研究是一种比较典型的量化研究。那么案例研究与调查研究如何结合使用呢？殷（2017）在其案例研究方法书中指出了两种方式：一是在案例研究中嵌入调查，二是在调查中嵌入案例研究。具体而言，第一种方式在整体上是一个案例研究，但运用调查法等量化方法收集案例内分析单位的资料。比如，当我们想通过案例研究的方法探究一所中学的校风建设情况时，这所中学就是我们的案例。我们可能会通过观察课堂、访谈学校管理者和师生、阅读校史和校规文件等方式来收集案例资料。我们还可以将学校师生视为案例内的分析单位，向他们发放问卷以收集更多的量化资料。这就是在案例研究中嵌入调查。第二种方式是把案例研究作为更大的混合研究的一部分，主要通过调查法等量化方法来收集资料，案例研究方法则被用来对其中的某些实体进行深入全面的考察。比如，我们想探究某市区所辖中学的校风建设情况，主要的资料收集方式可能就是大规模的问卷调查，即通过一定的抽样手段，向若干所中学的学校管理者和师生发放问卷。在此基础上，我们可能会选定一所或几所中学作为案例，深入学校收集更加翔实的资料，这就是在调查中嵌入案例研究。可以发现，无论是哪一种混合方式，都实现了案例研究和调查研究的相互配合。

那么，这样的混合方法研究有什么优势呢？总体而言，混合方法研究有两大优势：一是质性和量化方法相互配合和补充，提高研究的信效度；二是不同的方法带来多元视角，有助于更全面地认识问题。一方面，单纯的质性研究或量化研究，更容易遭受信度或效度上的威胁。例如，有学者指出许多量化研究过于强调统计上的显著性，而忽视了对这种统计关系的实质和有效性的关注；而不少质性研究常常被质疑有选择性地报告结果，或用研究者本人的观点替代了信息提供者的视角。（塔沙克里 等，2010：163-164）对两种方法的批评或误解可以通过混合方法研究的路径更好地避免，因为混合方法研究需要研究者投入更长时间，从而整合通过质性和量化方法收集到的资料，实现资料间的三角验证，这有助于提高研究结论的可信性和内外部效度。另一方面，两种研究方法的数据资料收集过程和得到的资料形式不同，量化研究能发现一般性的趋势和概括性的关系，质性研究能提供研究所处的脉络情境和主体的个人视角，这有助于研究者从不同的视角来探索同一个问题，得到更加综合性的认识。案例研究作为一种质性研究方法，当结合量化方法时，"使研究者能够处理更复杂的研究问题，收集更丰富、更有说服力的证据"（殷，2017：81）。

二、案例研究与文献研究结合①

案例研究除了与调查研究相结合之外，还有一种新趋势是与文献研究结合使用，更具体地说，是案例研究与文献综合分析的结合，形成案例研究综合分析，也有学者将其称为"调查案例研究"（殷，2017：202）。

文献综合分析又称为元分析（meta-analysis），是一种"分析的分析"。它广泛用于医学、心理学和教育学等领域，通过收集实验研究或准实验研究所得的数据，进而计算特定处理变量的平均效应，其使用前提是存在大量的具有可比性的量化研究文献，因此早期的元分析被认为是一种"量化研究综述"。后来，随着一些社会学者将定性比较分析（qualitative comparative analysis）的思路纳入元分析，定性元分析的方法逐渐发展起来，元分析不再局限于量化研究范式。不论是采用量化分析方法还是采用定性比较分析思路，作为一种文献综述方法的元分析与传统的叙述性文献综述（narrative literature review）不同，它要求通过一定策略整合从已有研究中获得的数据或资料，在对这些数据或资料进行系统分类的基础上进行结构化的分析。

案例研究综合分析就是用元分析的方法来对一系列具有可比

---

① 狭义的混合方法研究被认为是量化和质性方法的结合，是实证方法，因此案例研究与文献研究相结合的非实证导向的研究方法不能被认为是严格意义上的混合方法研究。这里只是客观呈现这两种方法结合使用的新趋势及其优势，不讨论其在方法论上的归属。

性的案例研究进行结构化和系统化的分析，从而在不进行实地调研的条件下获得对某一问题或现象的综合性认识。由此可以发现，案例研究综合分析的使用条件是有足够多的具有可比性的案例研究成果——可比性通常由研究对象决定，关注同类研究对象是可比较的基础。这一前提条件在许多研究领域中可能难以实现，但在经济学、区域研究、公共政策研究领域则比较容易满足，案例研究综合分析的运用也集中在这些领域。比如，诺贝尔经济学奖得主埃莉诺·奥斯特罗姆（Elinor Ostrom）在一本方法论著作中详细说明了这一方法在自然资源管理研究中的运用实例。简单说来，他们想要探究自然资源管理中的集体行为，其研究小组首先收集了关于这一主题的上千份案例研究，然后通过细致的阅读，提取每个案例研究中的关键信息，将其中重要的定性描述编码为具有一定结构的可比较的数据，由此组成了一个复杂的案例库。在梳理已有研究和构建案例库的过程中，研究小组逐渐发现了自然资源管理中集体行为的一些模式，指出产权、群体特征、挑战的类型和相关制度等与集体行为有关，进而发展了该领域的相关理论。（波蒂特 等，2013：84-99）

从这个研究实例可以看出，案例研究综合分析比起实地案例研究来说，在数据收集和理论建构方面有独特的优势。一方面，案例研究综合分析的数据收集成本相对较低，因为它主要收集已有文献中的数据，而无须进入研究现场进行实地调研，因此要收集同样规模的数据，它的时间、精力和金钱耗费往往较低。另一方面，由于现实约束，实地案例研究所涉及的案例数量往往都是个位数，只有极少数研究团队在大笔资金资助和跨地域合作的条件下，才能使其囊括数十个案例，因而实地案例研究所得理论的稳健性总是免不了受到外界的质疑。与之相对，案例研究综合分析由于涉及众多案例研究，需要综合比较大量的不同研究结论，因此在一定程度上提高了分析结果的效度和理论的稳健性；此外，由于涉及众多案例，这种方法往往能够获得单案例研究或案例数量有限的多案例研究中所难以看到的规律或模式，从而实现理论的改进或创新。当然，使用这种方法的挑战在于需要有足够多的案例研究，以及整理和分析已有研究时不小的工作量。

总而言之，案例研究作为一种质性的经验研究，可以与量化的经验研究调查研究相结合，也可以与非经验研究的文献综合分析相结合，实现多样态的混合研究，从而达到提高研究质量、降低研究成本等效果，而熟练掌握案例研究方法本身则是做混合方法研究的前提。

结语

这一章我们探讨了案例研究方法的优点和价值，具体包括三个方面。首先，案例研究对情境、过程和关系的关注以及它多样化的资料收集策略，能够帮助我们深入、全面地认识复杂问题，而这种方法的归纳式逻辑和案例选择上的复制法则，有助于我们构建和发展理论。其次，针对数量有限或难以接近的研究对象，案例研究方法比其他常见的社会科学研究方法更有优势，并且尤其适合进行追踪研究。最后，案例研究可以比较方便地与调查研究或文献研究结合使用，实现混合方法研究设计，从而达到提升研究质量或降低研究成本等效果。相信你通过阅读本章，已经明白了掌握和使用案例研究方法能够给自己的学术研究带来颇多益处，那么学习这一方法的动力是不是更强了呢？

❓ 思考题

1. 你认为案例研究方法有哪些优点或价值？你学习案例研究方法的动力是什么？

2. 你怎么看待学术研究中建构和发展理论的追求？如何能够更好地实现这一价值追求？

3. 从国内外的社会科学刊物中，找出几篇案例研究与其他方法相结合使用的混合方法研究，并尝试分析这些研究有哪些特点。

4. 针对你想研究的问题，案例研究方法可能具有哪些优势？

📖 拓展阅读

1. 约翰·克雷斯威尔著《混合研究方法导论》（李敏谊译，格致出版社 2015 年版）。这本书简明扼要地呈现了如何设计和实施混合方法研究，作者提出的聚敛式设计、解释性序列设计和探索性序列设计等三种简单的混合研究方案比较容易上手。读完全书只需要很少时间，但能够获得对混合方法研究比较全面的认识。

2. 埃米·R. 波蒂特、马可·A. 詹森、埃莉诺·奥斯特罗姆著《共同合作：集体行为、公共资源与实践中的多元方法》（路蒙佳译，中国人民大学出版社 2013 年版）第四章。作者之一埃莉诺·奥斯特罗姆是诺贝尔经济学奖得主，第四章结合研究实例详细介绍了案例研究综合分析的操作方法。

3. 威廉·富特·怀特著《街角社会：一个意大利人贫民区的社会结构》（黄育馥译，商务印书馆 1994 年版）附录一。这本书将美国一个意大利人社区作为案例进行了深入研究，呈现了案例研究方法在研究特殊对象时的优势，可读性较强。该书附录一详细介绍了其研究方法和研究过程，阅读这一部分能够获得对案例研究方法的直观认识。

参考文献

波蒂特，詹森，奥斯特罗姆，2013. 共同合作：集体行为、公共资源与实践中的多元方法 [M]. 路蒙佳，译. 北京：中国人民大学出版社.

怀特，1994. 街角社会：一个意大利人贫民区的社会结构 [M]. 黄育馥，译. 北京：商务印书馆.

黄江明，李亮，王伟，2011. 案例研究：从好的故事到好的理论 [J]. 管理世界（2）：118-126.

克拉克，2003. 建立创业型大学：组织上转型的途径 [M]. 王承绪，译. 北京：人民教育出版社.

克拉克，2008. 大学的持续变革：创业型大学新案例和新概念 [M]. 王承绪，译. 北京：人民教育出版社.

克拉克，赵炬明，2002. 我的学术生涯：上 [J]. 现代大学教育（6）：8-14.

克雷斯威尔，2015. 混合研究方法导论 [M]. 李敏谊，译. 上海：格致出版社.

李平，曹仰锋，2012. 案例研究方法：理论与范例：凯瑟琳·艾森哈特论文集 ［M］. 北京：北京大学出版社.

默顿，1990. 论理论社会学 ［M］. 何凡兴，李卫红，王丽娟，译. 北京：华夏出版社.

塔沙克里，特德莱，2010. 混合方法论：定性方法和定量方法的结合 ［M］. 唐海华，译. 重庆：重庆大学出版社.

殷，2017. 案例研究：设计与方法 ［M］. 周海涛，史少杰，译. 重庆：重庆大学出版社.

LYND R S, LYND H M, 1929. Middletown：a study in contemporary American culture ［M］. New York：Harcourt, Brace.

LYND R S, LYND H M, 1937. Middletown in transition：a study in cultural conflicts ［M］. New York：Harcourt, Brace.

第三章

做什么样的案例研究

📖 **本章提要**

　　首先，分析案例研究的几种主要类型及其特点；其次，讨论不同类型案例的适用条件，帮助读者根据自己的需要选择适合的案例研究；最后，介绍评判案例研究质量高低的标准，让读者明晰理想的案例研究应该是什么样态。

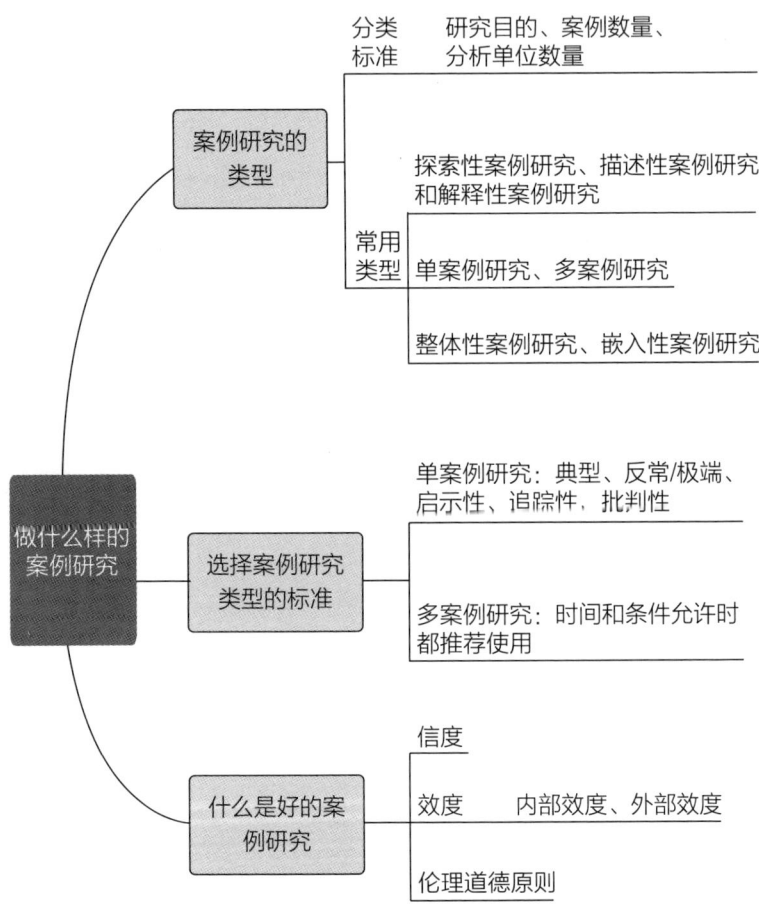

第一节　案例研究的类型

　　理解了何为案例研究、为什么做案例研究之后，本章将讨论我们应该做什么样的案例研究：明白案例研究有哪些类型、一个好的案例研究有哪些特征，将有助于建立对研究的内容和质量标准等的初步认识，从而为正式的研究设计和工作开展奠定基础。

一、分类标准

　　依据不同的分类标准，我们可以对案例研究做出不同的分类。这里介绍三种最常见的分类标准：一是研究目的；二是案例的数量；三是分析单位的数量。

　　首先，在社会科学研究中，研究者们在认知上的目的大致可以分为递进的三个层次，即探索、描述和解释。据此，我们可以将案例研究分为探索性案例研究、描述性案例研究和解释性案例研究三种类别。事实上，各种研究方法都可以服务于这三种目的，因而都可以做出类似的划分。比如，调查研究也可划分为探索性调查研究、描述性调查研究和解释性调查研究。

　　具体而言，当研究者初次接触某一主题，或者这一主题本身比较新颖而鲜有人研究时，这时的研究往往就是探索性的，目的在于熟悉相关的基本事实、初步提炼研究问题并决定深入研究的必要性与方案。探索性研究大多是描述性研究和解释性研究的前奏，因此较少单独公开发表。描述性研究则通常表现为对某一现象或问题的详细报告，回答"什么人""什么事""在哪里"一类的问题，以使读者获得对该现象或问题的比较全面的认识。比如，人口普查是一种典型的描述性研究，人口普查报告往往是对调查范围内人口特征的详尽描述。解释性研究通常旨在对事物或现象的因果关系与机制做出解释，以使人们了解某一现象的前因后果，这往往是大多数社会科学研究隐含的追求。需要说明的是，这三种研究目的并非严格区分、相互独立，相反，许多研究往往同时包含其中的两重或三重目的。以伯顿·克拉克（2003，2008）对创业型大学的案例研究为例，从他的两本著作《建立创业型大学：组织上转型的途径》《大学的持续变革：创业型大学新案例和新概念》中可以发现，他的研究同时包含探索、描述和解释三重目的，即首先探索哪些大学在财政紧缩、入学人数增加、竞争加剧、市场要求提高等环境变化中实现了自我转型和腾飞，这类大学有何特点；然后通过详尽的调研，描述案例高校的改革方案和措施；最后在此基础上，解释案例高校的变革何以成功。这三个层次的目的随着其研究的深入而一一实现。

其次，根据研究案例的数量，我们可以将案例研究分为单案例研究和多案例研究。正如第一章对案例研究的定义所显示的，案例研究的对象可以是一个或一组案例，而案例是有一定时空边界的一个单位，如某个人、某个组织或某个事件等。因此，当研究对象仅为一个案例时，我们从事的便是单案例研究。单案例研

究的一个经典例子是哈里·沃尔科特（Harry F. Wolcott）的
《校长办公室的那个人：一项民族志研究》。作者通过对一位小
学校长的日常工作进行全方位的参与式观察，详尽地呈现了一个
普通而典型的小学校长的学校管理工作（沃尔科特，2009）。与
之相对，当我们探究一组或多个案例时，我们所进行的便是多案
例研究，也有人称之为跨案例研究、比较案例研究。上文提及的
伯顿·克拉克对创业型大学的研究便是多案例研究，他的第一本
书涉及五所案例高校，第二本书则将案例高校的数量拓展至十所。

　　最后，根据分析单位的数量，案例研究可以被划分为整体性案
例研究和嵌入性案例研究。分析单位是指资料收集和分析的单元，
整体性案例研究只有一个分析单位，即案例本身；嵌入性案例研究
是指在案例内部有不止一个更加细分的分析单位。《街角社会：一个
意大利人贫民区的社会结构》和《校长办公室的那个人：一项民族
志研究》都是典型的整体性案例研究，两个研究的分析单位分别是
一个意大利裔青年群体和一位小学校长，研究者均围绕案例本身开
展全方位的、整体性的资料收集和分析。与之不同的是，教育领域
内的评估研究大多是嵌入性案例研究，评估研究的对象是案例，但
为了实现评估，通常需要从若干更细分的层面收集资料，并在对各
部分资料分别分析的基础上形成对案例的综合性认识和评估。例如，
高等教育领域中的大学排名研究便是对高校的评估研究。以上海交
通大学发起的世界大学排名研究为例，他们对每一所大学的评估研
究都从教育质量、教师质量、研究成果和师均表现四个方面展开①。

---

　　① 　资料来源：http://www.shanghairanking.com/。

如果说每一所大学是一个案例的话，上述四个方面则是嵌入案例的四个分析单位，从不同侧面共同呈现出一所大学的整体表现。其他影响广泛的世界大学排名研究均通过类似的分析单位来综合评估每一所案例大学的整体表现。①

除了上述这三种常见的分类以外，也有学者依据其他分类标准对案例研究做出不同的类别划分。例如斯塔克（Stake，1995）依据研究者的研究旨趣和目标，将案例研究划分为三种类型：内在的案例研究、工具性案例研究和集合性案例研究。

二、常用案例研究类型

通过前述分析可知，从不同的分类标准出发可以把案例研究分为不同类型，包括依据研究目的划分的探索性案例研究、描述性案例研究和解释性案例研究，依据案例数量划分的单案例研究和多案例研究，依据分析单位数量划分的整体性案例研究和嵌入性案例研究，这几条标准共同影响着我们的研究设计。明确研究目的是我们研究的起始，它在很大程度上决定了研究所需要的深入程度、工作量大小和具体方案。案例数量和分析单位数量是研究设计中十分关键、最需要认真思考的部分，直接决定着研究对象以及资料收集与分析单位的选取，也直接影响着研究实施的主体部分。案例数量和分析单位数量两条标准相互组合，可以得到更具指导意义和可操作性的四种案例研究类型：整体性单案例研

---

① 目前影响最大的四个主流的世界大学排行榜分别为"QS世界大学排名""泰晤士高等教育世界大学排名""US News全球最佳大学排名"和上海软科的"世界大学学术排名"。

究、嵌入性单案例研究、整体性多案例研究和嵌入性多案例研究。这四种都是常用的案例研究类型，我们在设计自己的案例研究方案时需要思考究竟采用哪一种类型。

图 3.1 和图 3.2 分别呈现了常用的案例研究类型及其示例。在整体性单案例研究中，案例就是分析单位本身，沃尔科特（2009）的《校长办公室的那个人：一项民族志研究》便是这类研究的典型例子。嵌入性单案例研究只有一个案例，但案例内有多个下位分析单位，一个例子是林小英等人（2019）的《被抽空的县级中学：县域教育生态的困境与突破》，作者以 P 中学为案例刻画了当前我国县域教育困局的形成机制及突破经验，案例

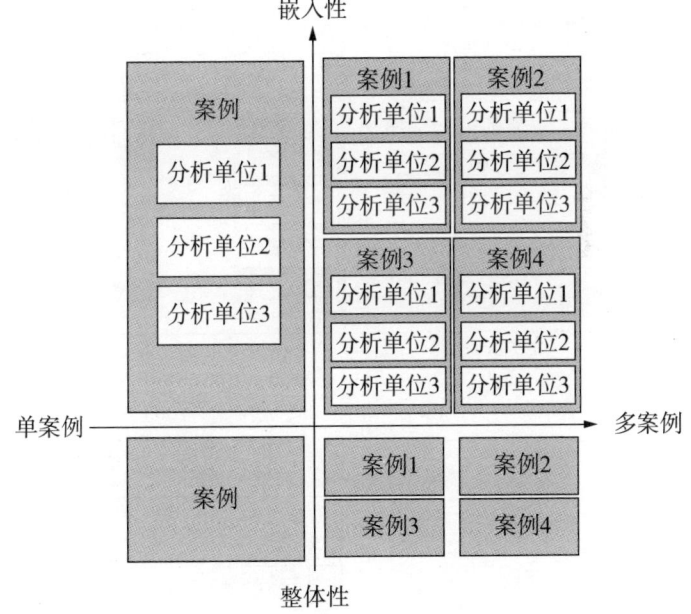

图 3.1　常用案例研究类型（改编自殷，2017：62）

是 P 中学，而分析单位包括县政府与教育局、托管方与管理团队、教师、学生与家长等多个利益相关方。整体性多案例研究包括多个案例，每个案例自身便是分析单位，如克拉克（2003）的创业型大学研究。嵌入性多案例研究亦有多个案例，案例内包含多个下位的分析单位，如前文提及的世界大学学术排名研究。

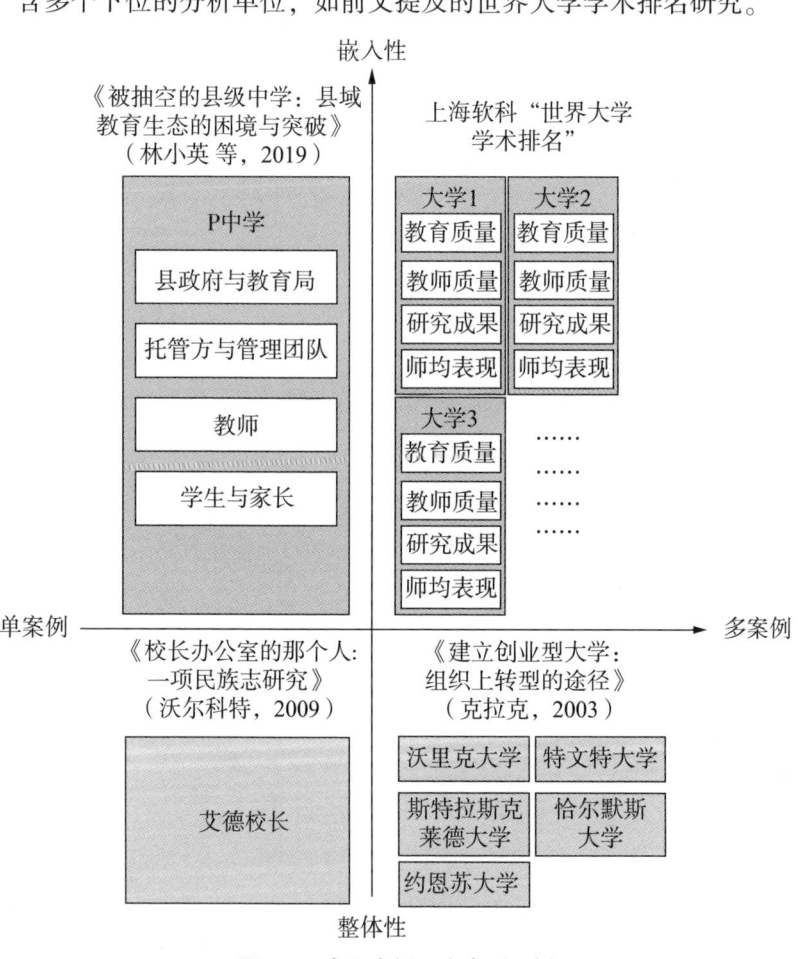

图 3.2 常用案例研究类型示例

　　明确了每一类案例研究是什么之后，你可能想知道，如何确定自己应该选择哪种类型的案例研究呢？第二节将会详细阐述单案例研究和多案例研究适用的情况，这里先讨论分析单位数量的选择。分析单位的主要作用在于，将资料收集和分析的任务分解到更具体的层次和单位中，因此，整体性案例研究或者嵌入性案例研究的选择需要依据案例本身的特点以及研究问题的性质。当案例本身和研究问题比较复杂，需要从多方面、多层次、多角度来认识案例，并且能够将资料收集和分析的任务细分为几个相对独立的次级单元时，采取嵌入性研究设计便是必要且可行的。这样，对一个复杂案例的探究工作就变得更有可操作性，我们的资料收集和分析工作会相对容易，不至于一团乱麻、无从下手，也更能避免资料遗漏带来的认识偏颇。反之，当案例本身或研究问题相对简单，或者案例的整体性很强以至于难以划分出几个相对独立的次级单元时，则建议采取整体性设计。需注意的是，在嵌入性案例研究中，分析单位应该是认识一个案例的关键单元，若干个分析单位之间应尽量互斥，而它们的组合又应该能比较全面地涵盖整个案例。同时，要注意避免过度沉浸于次级分析单位而未能返回案例层次进行归纳和综合的情况。

第二节　选择案例研究类型的标准

　　上一节我们已经讨论了如何确定分析单位，本节将分析单案例研究和多案例研究这两种研究设计的适用情况，帮助你根据自己的研究问题和需要，对案例研究的类型做出判断。总体而言，案例数量的确定需要综合考虑多方面因素，例如，研究问题和案例本身的特点，研究者的目的和旨趣，以及时间、经费等资源条件。下文首先讨论单案例研究的适用情况。

一、单案例研究的适用情况

研究问题和案例本身的特点是选择案例研究类型时最重要的因素。殷（2017）总结了单案例研究更加适用的五种情况，包括典型的案例、反常/极端的案例、启示性的案例、追踪性的案例和批判性的案例。以下结合一些实例来解释为何这五种情况适宜使用单案例研究。

第一，如果我们关注的现象具有一定普遍性，反映在一系列的案例中，那么我们可以选取其中典型的（typical）或者说普遍的、常见的（common）案例开展研究。此时采取单案例研究有助于更深入和全面地考察这一案例，在确保研究深度的同时，也使研究结论具有推论价值。这里有必要解释一下什么是"典型"，以及从单个案例中得出的结论何以具有推广性。个案具有"典型性"是指它集中地、最大限度地体现了某一类社会现象的共同特征和属性（王宁，2002）。正因为这一特点，对一个典型个案的完整呈现以及据此得到的一般性结论，就赋予了我们理解同类现象的可能性。举例而言，费孝通（2001）的《江村经济：中国农民的生活》研究中的江村，便是中国东部沿海地区常见乡村中的一个,如费老所言,"以江村来说,它(固)然不能代表中国所有的农村,但是确有许多中国的农村由于所处条件的相同,在社会结构上和所具文化方式上和江村基本上是相同的",所以江村"不失为许多中国农村所共同的'类型'或'模式'"(费孝通,1996)。也就是说,虽然中国的农村可能不止江村这一种类型,但至少江村是众多乡村类型中典型的一个,通过研究这一个村的村户家庭、生活方式、职业分化、劳作日程、土地、农业、蚕丝业以及其他经济活动,能获得对中国其他很大一部分乡村的社会结构和经济活动的了解。

依据典型性的定义可知,判断个案是否具有典型性的依据主要在于研究问题和现象的特点。也许你已经注意到了,案例研究中的典型性与政策制定、执行和评估中常见的"抓典型""树典型"并不是一回事,在后一种情况下,"典型"通常意味着示范。由官方认定的典型个案通常在某个方面十分突出,远超过其同类,因此往往并不能最大限度地体现研究现象的共同属性。因此,我们在研究中需要谨慎判断"典型"。

还需要注意的是,"典型性"在严格意义上不等于我们经常所说的"代表性",这两个词反映的是两种不同的研究逻辑。代表性是量化研究中统计抽样所关心的问题。在调查研究中,研究者需要事先确定研究的总体,然后依据随机原则从总体中抽取一定的样本进行研究,根据统计推断的规则把对样本的研究结论推广至总体。这类研究里,总体和样本的边界清晰,样本对总体的代表性以及研究结论从样本到总体的推广性都受到数理统计技术的严格规定，这种推广性被称为"统计性归纳"（殷，2017：83）。可见，学术研究中的"代表性"是统计学意义上的用语，而案例研究显然并不遵循统计学的原理。案例研究的实质并不是通过对个案（样本）的研究来认识所有个案（总体），而是通过研究一个或几个案例实现对某一类现象的认识。事实上，这类现象的范围有多大、涵盖了多少个体可能并不清晰，因此很难划定界线分明的总体，也就谈不上何为样本以及样本的代表性。案例研究结论的推广性并不依靠统计推论，并非从样本推论到总体，而是通过对案例的考察，概括、抽象出更一般的概念或理论，由这一概念或理论来认识和解释案例所承载的更广泛的现象，案例研究结论的这种推广性被称为"分析性归纳"（殷，2017：83）。由此可知，统计性归纳和分析性归纳是两种完全不同的逻辑，我们在研究中也应该注意避免术语的混用及其所引发的逻辑谬误。（王宁，2002；殷，2017：50-51）

第二，与典型的案例相反的是反常的（unusual）和极端的（extreme）案例，这种案例不仅不同于常见的、普遍的情况，而且往往偏离常见的、普遍的情况很远。这类案例通常因为其数量少甚至"独一无二"而成为极端的或特殊的案例。这种情况也适合使用单案例研究，一方面是因为反常的案例通常数量少，单案例研究可能是仅有的选择；另一方面是因为案例的反常性和极端性往往蕴含着丰富的信息，单案例研究能使我们得到有价值的发现。比如，埃里克·克里纳伯格（Eric Klinenberg）的《热浪：芝加哥灾难的社会剖析》，在一定程度上可以视为这里所说的对反常/极端的案例的研究。这本书以 1995 年 7 月发生在美国芝加哥市的高温天气灾难为案例,通过田野调查、深入访谈、档案研究以及数据统计等多种方法工具,全面而深刻地揭露了这场被称为"极端天气事件"的"天灾"的实质。在那场热浪中,短短一个星期内就有 700 余人死于中暑,芝加哥市几乎成为"死亡之城",但这么高的死亡率无法仅仅用高温来解释。这一公共危机不可谓不极端、不反常,克里纳伯格从个人生活环境、邻里社区、市政府以及新闻机构等多个方面对这个极端的案例进行探究,层层深入地剖析了其背后所隐藏的"影响生和死的社会条件"。(克里纳伯格,2014)

也许你会问,这样反常的案例,会不会因为其反常性和极端性而导致其研究结论的推广性受损呢?对这一点无须担心。如前所述,案例研究的推广性在于"分析性归纳",即从案例中抽象出概念和理论,以之解释更广泛的社会现象,而不在于案例本身究竟能在多大程度上"代表"其他案例。如同《热浪:芝加哥灾难的社会剖析》的作者克里纳伯格在书中所言,"灾难的威胁和每日的危机为发展一门人文的和社会科学的研究生命和死亡的方法提供了一个好的契机","通过研究死亡,我们不仅能增进理解生命的能力,更多的是增进保护生命的能力"(克里纳伯格,2014:247)。尽管《热浪:芝加哥灾难的社会剖析》研究的是发生于 1995 年的极端的个案,但作者所揭示的关于死亡的社会条件的启示却远远不限于这一个案例。

第三,除了前述的典型的案例和反常/极端的案例之外,启示性的案例和追踪性的案例也适宜采用单案例研究设计，这两点在第二章第二节"案例研究的独特优势"中有一定讨论。在殷（2017）的定义中，如果研究者能够进入以前无法进入的情境中，通过一个案例来探究先前难以研究的常见现象，那么这项研究就可能因为其研究主题的开拓性、视角的独特性和资料的难获得性而极具启发性，有助于启迪其他学者开展更多的探索，也会因此被称为启示性的案例。由于先前难以接触、研究很少，因此单案例十分宝贵，对其的描述性研究也可能很有价值，甚至可以首开先河。追踪性的案例则是指在不同的时间点考察同一个案例，以呈现其发展变化。对于追踪性的案例研究，可操作性和研究成本是需要重点考虑的因素。在不同时间点上进行多次考察往往能提供足够丰富的有价值的信息，但研究的困难和所消耗的成本往往也高于普通的研究。从这两个方面考虑，采用单案例研究设计进行追踪性的案例研究是更加明智的选择。

最后，殷（2017）还提到批判性的案例也适合采用单案例研究设计。批判性的案例是指与现有理论解释相悖的案例，这样的案例研究有助于批判性地检验和发展已有理论。理论通常是从有限的现实中抽象出来的概括性命题。在理论所适用的情境中，如果理论假设无法解释案例的情况，那么案例本身就构成了对理论的挑战，也提供了完善和拓展理论的可能性。此时案例数量多少并不重要，一个案例便有可能证否已有的理论。这类似于"黑天鹅效应"，即一只黑天鹅的出现便足以否定从无数次对白天鹅的观察中得到的"天鹅都是白色的"这个结论。

除了研究问题和案例本身的特点以外，研究目的与旨趣以及研究成本也是我们在选择采用单案例或多案例研究设计时需要考虑的因素。例如，从研究目的和旨趣来看，如果研究者的主要目的是进行一项探索性研究，而非从研究中得到普适性的理论解释；或者其研究旨趣仅在于充分认识和理解案例本身，而并非将案例作为一个认识更广泛或更抽象问题的工具（Stake，1995），那么单案例研究便能很好地满足这样的研究目的和旨趣。从研究成本来看，单案例研究在时间和经费上的要求通常比多案例研究更低，对个体研究者来说更具有可操作性。前述的五种情况也可以从可操作性和成本的角度得到一定解释。比如在反常/极端的案例、启示性的案例中，单案例研究可能是仅有的选择；而在典型的案例、批判性的案例和追踪性的案例中，单案例研究除了可操作性更强以外，可能还具有效率较高、成本较低的特点。

尽管单案例研究也能够做出极好的研究成果，但许多学者都指出，多案例研究所得出的结论和理论比单案例研究更加坚实可靠，更有说服力（李平 等，2012；殷，2017）。因此我们也建议，除了反常/极端的案例和启示性的案例这两种几乎只能使用单案例研究的情况以外，在时间、人力和经费等条件和资源能够满足的理想情况下，应该优先采用多案例研究设计。

二、多案例研究的适用情况

尽管有学者认为案例研究的目的可以只是关注和理解案例本身，而非将案例作为工具来认识更广泛的社会现象（Stake，

1995），但大多数时候，研究者的追求以及读者的期待是后者，即希望通过对少数案例的研究建立起关于一般和普遍现象的认识或理论。对此，多案例研究的结论被认为更有说服力、更坚实可靠，比单案例研究更能充分地实现这一目的。

为何多案例研究被认为更加可靠呢？一方面，如同我们在第二章第一节所提及的，多案例研究需要遵循复制法则来选择案例，研究者需要有意识地选择相似案例（逐项复制）或差异化案例（差别复制），以实现在不同的案例中检验研究结论、排除竞争性解释。这就好比多元实验，一个理论或研究发现在不同的实验条件下得到多次验证，自然比仅在一次实验中得到验证更为可靠；反之，如果一种结论仅来自一个案例，则更容易让人怀疑研究结果的偶然性，往往需要研究者花费更多笔墨讨论研究发现的解释力。与此同时，在差别复制的设计中，多案例研究还为排除竞争性解释提供了契机，而排除的竞争性解释越多，越能增强被证实结论的坚实性。另一方面，相比于单案例研究，多案例研究通常能提供丰富得多的信息，即使更多的信息没有带来新的发现，也能够为同样的结论提供更多的论据支持，增强结论的说服力。

基于这样的原因，我们认为有条件时应该尽量采取多案例研究设计，以提高研究结论的可靠性。正如殷（2017）所言，即便是只包含两个案例的"双个案"研究，也比单案例研究更容易取得成功。事实上，许多经典的单案例研究看似只有一个案例，但在研究过程中已经隐含了复制法则，以实现案例间的对比和验证。例如，在《街角社会：一个意大利人贫民区的社会结构》中，怀特讨论的是科纳维尔街角青年的组织结构和互动方式，但他实际上深入考察了五个帮派并进行了相互对比，从跨帮派的重复观察中得到了更具有规律性的结论，比如不同帮派的来源、固定的会面场所和团体活动等；同时也排除了一些仅在个别帮派中观察到的现象，避免从随机和偶然的联系中得到错误的结论，比如，并没有一种特定的个性使人成为帮派的领导。（怀特，1994）类似地，在克里纳伯格《热浪：芝加哥灾难的社会剖析》的第二章，他考察了一街之隔的两个社区中老年人的死亡率及其背后的原因，否定了老年人独居必然导致死亡的结论，指出独居并不必然导致老年人孤立无援地死去，更重要的原因是邻里社区的安全和繁荣程度。北朗代尔社区经济凋敝、犯罪事件横生，而南朗代尔社区商业繁荣、治安更有保障，两个社区的老年人出门、与人互动和寻求帮助的意愿远远不同，热浪所带来的后果也就有了天壤之别。（克里纳伯格，2014）由此可见，即便我们聚焦的是单案例，也可以在研究过程中进行部分的跨案例对比，以增强结论的可靠性。

不过，关于多案例研究的一个共识是，它的确需要花费更多的时间、精力甚至经济成本，毕竟对多个案例的研究意味着资料收集和分析的工作量更大。此外，一般情况下，研究深度可能会随着案例数量的增加而降低。但确保对每个案例比较全面和深入的考察，对保证研究质量来说仍然必不可少。因此，在选择单案例或多案例研究时，也需要考虑资源和条件方面的可行性以及研究深度、广度等之间的平衡。

总之，单案例研究和多案例研究各有特点和优势，在不同的研究问题、研究目的和研究条件下，可以做出灵活的选择。同时，还应该认识到这两种研究方案并非截然对立的关系，在单案例研究内部也可以进行部分的跨案例对比。甚至有学者认为，所有的案例研究其实都是潜在的跨案例研究，因为在案例选择和确定的过程中必然涉及"对一组潜在案例的跨案例特征的考虑"，"开展一项案例研究意味着研究者也在进行跨案例分析，或至少考虑过一系列更宽泛的案例"（吉尔林，2017：9-10），从这个角度思考，也许有助于我们明智地做出选择。

第三节　什么是好的案例研究

到目前为止，我们已经了解了案例研究的常见类型，并且知道了整体性案例研究与嵌入性案例研究，以及单案例研究与多案例研究各自的特点和适用情况，相信你对于做哪种类型的案例研究已经有了一定的认识。这一节我们将说明，不论从事哪一种类型的案例研究，都需要满足一些通用的标准，以确保研究过程和结果的质量，这些标准包括信度、效度、伦理原则等。

一、信度

信度和效度是人们在判断一项研究质量时最常提及的两个标

准，尤其是在量化研究中。在案例研究中，持不同认识论立场的学者对于信度和效度的理解有所不同：实证主义认识论的学者对信度和效度的理解与量化研究者类似；而持建构主义立场的学者认为在质性研究中，信度和效度应该被重新定义；更极端的建构主义者则认为信度和效度不能用于评价质性研究。总体上，我们认为，源于实证研究的信度和效度的概念可以用于对案例研究的评价，但其内涵并不完全等同于量化研究中的信度和效度。

信度（reliability）强调研究的可重复性。比如，在调查研究中，在一定时段内对同一群对象实施一项问卷调查或量表测试所得到的结果有较高的一致性，那么可以说这份问卷或量表的信度较高；在实验研究中，如果依据同样的实验条件，选择类似的被试进行实验能够得到与之前同样的实验结果，那么可以认为这项实验研究是有信度的。在案例研究中，偏向实证主义立场的殷（2017）认为，如果研究者根据一项已有案例研究所记录的过程和步骤再次进行这项研究，也能得到相同的结论，那么这项案例研究的信度就是有保障的。但在偏向建构主义立场的麦瑞尔姆（Merriam，1988）看来，并不存在一种静态的、等待被人发现的、可以重复研究的现实；真正的研究是高度情境化的，是一个研究者和研究对象两个主体相互交往、共同建构的过程。质性案例研究在事实上无法再现，因而并不要求不同的研究者得到同样的研究发现和结论，而是不同的研究者都认同，尽管结论和解释可以有不止这一种，但"根据收集到的数据，研究结果是有意义的———致而且可靠"（麦瑞尔姆，2008：142-143），也即信度意味着结论与所收集到的数据一致。

如何理解殷和麦瑞尔姆对信度的不同定义呢？对比两者的观点可以发现，殷对信度的定义更加严格、传统，但停留在理论层面。现实中很难完全复制一项案例研究，往往只能跟随研究者的记录，在头脑中去模拟和复现研究现场，考虑是否可以得到这样的数据、依据这些数据得出这样的结论是否合理。这一在头脑中复现和分析研究流程、判断研究结论是否让人信服的过程，实际上与麦瑞尔姆提出的信度检验方法是一致的。因此，在我们看来，殷和麦瑞尔姆对于信度的看法在本质上并不矛盾，可以说后者是对前者的操作化定义。事实上，关于如何确保研究信度这个问题，殷和麦瑞尔姆之间有一定共识。他们都指出，需要对整个研究过程保持自觉，并撰写尽可能详细的记录，说明通过何种数据得到何种结论，以确保所有的资料和论证都经得起检验，便于研究者自身或他人还原研究结论形成的整个过程。除此以外，麦瑞尔姆还指出研究者需充分陈述自身的立场和假设，并使用三角验证法；殷提出采用案例研究草案，建立案例研究资料库等。这些具体的策略将在下一章详细说明。在这里我们只需要明白，一项好的案例研究需要有较高的信度，即研究的方法、数据和结论等各部分之间连贯一致，整个研究才能让人信服。

二、效度

一项好的案例研究除了需要具有高信度以外，还需要有高效度（validity）。传统上，效度是指研究对"真实"情况的反映程度。在调查研究中，效度是指问卷或量表在多大程度上测量到了研究者所试图测量的事物，比如，用一份英文的智商测试量表来测试一群中国学生的智商，那么这份量表的效度就是有限的，因为测量所得的结果可能不是学生的智商，而是他们的英语水平。在实验研究中，效度是指实验方法在多大程度上能够达到实验目的，比如，在研究体育锻炼与中学生身高增长的关系时，如果仅仅以体育锻炼为实验条件，而不考虑学生的性别、营养供给、自然成长发展等因素的影响，那么其效度就没有保障，因为我们无法确认学生身高的变化是否仅仅是体育锻炼的结果。与调查研究和实验研究类似，案例研究的效度是指案例研究的发现和结论与现实情况的相符程度。学者们将效度划分为多种类型，如麦瑞尔姆（2008）分析了内部效度和外部效度两种效度类型；殷（2017）将案例研究的效度区分为建构效度、内部效度和外部效度三类；陈向明（2000）讨论了描述型效度、解释型效度、理论型效度和评价型效度等质性研究的效度类型。综合不同学者的观点，我们认为，案例研究的效度至少包括内部效度和外部效度两个方面，以下尝试综合不同学者的观点一并说明。

（一）内部效度

不同学者对内部效度的定义有所不同，在比较宽泛的意义上可以说，案例研究的内部效度就是指研究过程和研究结果本身的质量，如研究过程是否严谨、对案例的描述是否符合现实情况、研究所使用或建构的理论对案例是否有解释力等。

麦瑞尔姆对内部效度的定义相对比较宽泛，她认为内部效度是指研究发现与现实的匹配和一致程度，例如，"研究发现是否捕捉到了客观存在的事物？研究者是在观察或者测量他们以为他们在测量的事物吗？"（麦瑞尔姆，2008：139-140）。但与此同时，她又指出，现实其实是研究者与研究对象在互动中共同建构的，并不存在一个单一、静态、客观的现实，因此无法像量化研究一样去真正对比研究发现在多大程度上与现实相符。关于确保和检验内部效度的手段，麦瑞尔姆认为除了长期观察、多重证据的三角验证等最基本的手段以外，还需要研究者有意识地反思自省，明确自己的立场和偏见，邀请同事评价，或纳入研究对象的反馈，甚至与研究对象共同撰写结果。

殷对内部效度的定义最为狭窄，他认为内部效度衡量的是因果关系的准确程度。例如，一项案例研究试图探讨事件 Y 的起因，如果真正的原因是 Z，而研究者错误地认为是 X 导致的，那么这项研究就缺乏内部效度。基于这样的定义，殷认为，内部效度仅适用于解释性案例研究，而不适用于探索性案例研究和描述性案例研究，因为后两者都不致力于探讨因果关系。殷认为影响内部效度的关键是资料分析，例如研究者是否对资料做出了正确的解释、是否全面分析了各类竞争性假设、是否在资料间建立了逻辑链条等。尽管殷对内部效度这一概念本身的界定很严格，但我们认为，殷所讨论的另外一种效度类型，即建构效度，在一定程度上也可以归属于内部效度的范围。殷对建构效度的界定是，对所要研究的概念形成"一套完善的、具有可操作性的指标体系"（殷，2017：57）。它强调对所研究现象的准确界定和操作化设计，以确保研究过程有章可循，减少个人的主观随意判断。建构效度衡量的是研究设计和过程的质量，归根结底旨在保证研究的内部效度。

在我们看来，殷对内部效度的定义过于狭窄，趋近于实验研究方法对内部效度的定义，更偏向于量化研究、实证主义的思维。相比之下，陈向明并没有使用"内部效度"这一具体的名称，但她所讨论的描述型效度、解释型效度、理论型效度和评价型效度四种类型，在某种意义上可以视为对内部效度的分类说明。首先，描述型效度是指"对外在可观察到的现象或事物进行描述的准确程度"（陈向明，2000：392），这些现象和事物应该是具体的，可见可闻。要确保描述型效度，就需要注意环境因素、研究者个人的主观因素以及研究者与被研究者之间的关系等多方面因素的影响。其次，解释型效度是指研究者在多大程度上真正理解了研究对象的想法和意义建构。要确保解释型效度，研究者就需要尽可能地去理解当事人的语言及其背后的含义。再次，理论型效度是指研究所依据的理论以及从研究结果中建立起来的理论是否真实地反映了所研究的现象，其中理论是指由不同概念所组成的关系命题，包括因果关系、序列关系、时间关系、语义关系、叙述结构关系等（陈向明，2000：394-395），当理论与现实相符时，理论效度就高，反之则低。最后，评价型效度是指研究者对研究结果所做的价值判断是否确切（陈向明，2000：393），强调研究者应避免个人的主观好恶影响资料的收集和分析，使研究失真。

总的来说，不同学者对内部效度的定义不同，但在一定程度上也存在交集。综合不同的观点有助于我们全面地认识内部效度，取不同定义的"并集"。由此我们可知：一项有内部效度的案例研究应该满足的条件是多方面的，例如对案例本身及其所处情境的描述需要尽可能全面、详尽、符合现实情况；对观察和访谈资料的解读需要充分考虑研究对象的本意，避免有意或无意的曲解；依据某种理论视角来分析资料或者根据资料来推断事件关系、建立理论时，需要反复推敲、比较多种竞争性解释，力求保证理论对现实的解释力；研究者需要对自己所秉持的假设和立场保持反思，警惕自己所戴的"眼镜"对研究发现的影响。

（二）外部效度

外部效度又被称为推论效度，即研究结论在多大程度上可以推广应用到案例之外的情境中。首先要说明，外部效度以内部效度为前提，因为当一项研究未能准确描述事实、对研究对象的解读有误或者建立了错误的因果联系时，我们不可能指望这一缺乏内部效度的研究结论能够解释范围更广的现象和问题。

不同学者对案例研究外部效度的来源也有不同的看法。有学者指出，具备内部效度的案例研究的推广性是自然而然和显而易见的。"最具个人性的也就是最具非个人性的"，通过对个案的深入探究，我们能进入共性的深层，这是大样本调查研究无法做到的，后者顶多只能描绘出大样本在浅层次上的共性。因而，"对社会现象的理解并不一定需要一个很大的样本，对一个人或几个人深入细致的探究有可能发现大多数人的深层体验。在条件有限的情况下，如果我们希望了解人类体验的深处，必须从少数个案入手"（陈向明，2000：413-414）。

殷（2017）认为，案例研究的外部效度就是推广度，由分析性归纳来实现。判断一项案例研究的外部效度就是分析是否从案例中建立了有解释力的理论，以解释更广泛的现象。同时，殷还指出，能否建立理论与研究问题的性质有关，如果案例研究要回答的是"怎么样""为什么"类的问题，则更容易建立理论；而回答"是什么"一类的问题往往只需要描绘客观现象，不需要过多的解释，因而难以建立某种理论，其外部效度也难以实现。所以，殷建议在研究问题的设计中最好加入前两类问题，从而给建立理论、提高研究的外部效度提供更多的可能性。当然，结合前文对理论效度的探讨可知，首先需要确保从案例中建立的理论能够解释案例的现实情况，即确保其内部效度，才能进一步讨论用该理论来解释更广泛的现象。

还有学者指出，案例研究结果的外部效度不仅仅与研究本身有关，事实上还受到读者的影响，需要读者"接力"完成。这是由于一个案例研究的结论和发现能否用于解释案例之外的其他具体问题和现象，最终需要由读者来判定。读者会思考一个研究中哪些内容适用于分析他所关心的问题、哪些不适合，"利用隐含的信息、直觉和个人经历，人们寻找可以解释他们自身经历和周围世界发生事件的范式"（麦瑞尔姆，2008：145）。如果"读者在阅读研究报告时在思想和情感上产生了共鸣"，认同"从一个样本中获得的结果揭示了同类现象中一些共同的问题"（陈向明，

2000：411-412），那么他们便赋予了这项研究较高的外部效度。

不同学者也从不同的角度提出了确保案例研究外部效度的建议，例如，需要着力确保研究的内部效度；注意研究问题的选择，建立有力的概念或理论；尽可能全面深入地说明案例本身及其所在情境，反思并探讨研究者自身在研究中的角色和倾向，以便读者做出判断；通过复制法则进行多案例研究等。总之，从事案例研究时，外部效度也是我们需要考虑的因素。

三、伦理道德原则

一项好的案例研究除了需要具有信度和效度以外，整项研究符合伦理道德原则同样重要。遵守研究伦理最重要和直接的目的是保护研究对象的安全与利益。不同学科和研究类型对研究伦理的强调程度似乎有所不同，这与研究本身和研究对象的特点、研究者与研究对象的权力关系等有关。例如，有学者按照研究者对研究对象的控制权大小对各类研究做出了如下排序：生物医学实验、心理学实验、面对面调查、信件调查、田野研究或参与式观察、非参与式观察以及二手数据分析。在实验研究中研究者的控制权最大，因此需要用最为严格的伦理规范准则来约束研究者，避免研究对研究对象产生伤害。案例研究虽然不像实验研究那样需要操纵实验条件和研究对象，但由于它关注的是当下的现象和问题，会采取访谈、观察、问卷调查、档案资料等多种数据收集手段，因此也需要十分注意研究伦理。此外，研究行为还直接或间接地关涉到研究者所属的专业群体、研究资助方，甚至一般公众等群体，如果研究者的研究行为不符合伦理道德原则，还有可能对同行的声誉形象、资助方的利益，甚至社会公德产生消极影响。总之，伦理原则是我们在从事案例研究时必须考虑的因素。

具体来说，陈向明对质性研究中的伦理道德原则有比较全面和清晰的概括，即自愿和不隐蔽原则、尊重个人隐私和保密原则、公正合理原则，以及公平回报原则。其中，自愿和不隐蔽原则是指被研究者对于这项研究有知情同意权，他们有权利知道研究目的和过程，并且有权利随时退出研究。尊重个人隐私和保密原则是指应当为被研究者的个人隐私保密，不透露给第三者，并且在研究报告中通过匿名化的方式隐匿被研究者的个人信息，以免其他人按图索骥，发现被研究者的身份，尤其是当被研究者不希望暴露他们自己的时候。公正合理原则强调研究者反思自己对被研究者的态度、评价和潜在的影响是否公正，尤其当研究对象是弱势群体或者研究结论可能对研究对象有直接消极影响的时候。公平回报原则是指研究者应该避免工具化地对待被研究者，不能仅仅将被研究者视为信息提供者加以"利用"，而需要考虑研究过程中被研究者在时间、情感或物质等方面付出的成本或遭受的损失，并给予其合适的补偿。

当然，上述原则比较抽象和笼统，具体的研究情境各不相同，这就需要研究者自己判断如何践行研究伦理。说到底，这些原则背后的理念是尊重被研究者，将心比心，以自己希望被对待的方式来对待研究对象。

📑 结语

　　本章主要讨论了案例研究有哪些类型、单案例研究和多案例研究的适用情况，以及好的案例研究的判断标准。首先，根据研究目的、案例的数量和分析单位的数量等三种常见的标准，案例研究可以划分为不同的类型，如探索性案例研究、描述性案例研究和解释性案例研究，单案例研究和多案例研究，以及整体性案例研究和嵌入性案例研究。将案例数量和分析单位数量两条标准相互组合，可以得到更具指导意义和可操作性的四种案例研究设计类型，即整体性单案例研究、嵌入性单案例研究、整体性多案例研究和嵌入性多案例研究。其次，对于典型的案例、反常/极端的案例、启示性的案例、追踪性的案例和批判性的案例，单案例研究设计具有可操作性强、效率较高、成本较低等优点。不过，当有足够的资源和条件时，多案例研究更值得推荐。最后，不论是上述哪一种类型，好的案例研究都需要满足信度、效度和伦理原则三条标准。

❓ 思考题

　　1. 回顾你接触到的案例研究，它们可以归类为本章提及的哪一种类型？

　　2. 什么是"典型的"案例？试举几个例子。

　　3. 请列举若干项你认为好的案例研究，并分析它们好在哪里。

　　4. 结合你想研究的问题，设想你将采取哪一种类型的案例研究，为什么？

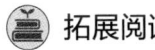 **拓展阅读**

1. 陈向明著《质的研究方法与社会科学研究》（教育科学出版社 2000 年版）第五部分。这一部分非常详尽地探讨了质性研究的质量评价问题，对于何为"好"的质性研究有很充分的说明。

2. 王宁著《代表性还是典型性？——个案的属性与个案研究方法的逻辑基础》（载于《社会学研究》2002 年第 5 期，第 123—125 页）。这篇文章深入浅出地探讨了什么是案例的"典型性"，有助于我们增强对案例研究特点的认识。

3. 卢晖临、李雪著《如何走出个案——从个案研究到扩展个案研究》（载于《中国社会科学》2007 年第 1 期，第 118—130 页）。

渠敬东著《迈向社会全体的个案研究》（载于《社会》2019 年第 1 期，第 1—36 页）。

耿曙著《从实证视角理解个案研究：三阶段考察渠文的方法创新》（载于《社会》2019 年第 1 期，第 129—152 页）。

这三篇论文从不同角度深入地探讨了案例研究的外部效度问题，有助于我们进一步理解好的案例研究应该达到什么标准。

参考文献

陈向明，2000. 质的研究方法与社会科学研究 [M]. 北京：教育科学出版社.

费孝通，2001. 江村经济：中国农民的生活 [M]. 北京：商务印书馆.

费孝通，1996. 重读《江村经济·序言》[J]. 北京大学学报（哲学社会科学版）（4）：4-18，126.

怀特，1994. 街角社会：一个意大利人贫民区的社会结构［M］. 黄育馥，译. 北京：商务印书馆.

吉尔林，2017. 案例研究：原理与实践［M］. 黄海涛，刘丰，孙芳露，译. 重庆：重庆大学出版社.

克拉克，2003. 建立创业型大学：组织上转型的途径［M］. 王承绪，译. 北京：人民教育出版社.

克拉克，2008. 大学的持续变革：创业型大学新案例和新概念［M］. 王承绪，译. 北京：人民教育出版社.

克里纳伯格，2014. 热浪：芝加哥灾难的社会剖析［M］. 徐家良，孙龙，王彦玮，译. 北京：商务印书馆.

李平，曹仰锋，2012. 案例研究方法：理论与范例：凯瑟琳·艾森哈特论文集［M］. 北京：北京大学出版社.

林小英，杨蕊辰，范杰，2019. 被抽空的县级中学：县域教育生态的困境与突破［J］. 文化纵横（6）：100-108，143.

麦瑞尔姆，2008. 质化方法在教育研究中的应用：个案研究的扩展［M］. 于泽元，译. 重庆：重庆大学出版社.

王宁，2002. 代表性还是典型性？：个案的属性与个案研究方法的逻辑基础［J］. 社会学研究（5）：123-125.

沃尔科特，2009. 校长办公室的那个人：一项民族志研究［M］. 杨海燕，译. 重庆：重庆大学出版社.

殷，2017. 案例研究：设计与方法［M］. 周海涛，史少杰，译. 重庆：重庆大学出版社.

MERRIAM S B，1988. Case study research in education：a qualitative approach ［M］. San Francisco：Jossey-Bass.

STAKE R E，1995. The art of case study research［M］. Thousand Oaks：SAGE.

第四章

怎么做案例研究：研究设计与准备

📑 **本章提要**

分七个方面阐述如何进行研究设计与准备，即明确问题、提出假设、界定案例和分析单位、设计资料收集和分析方案、讨论研究质量的影响因素、实施试验性案例研究和其他准备工作，帮助读者顺利设计自己的案例研究计划，并做好相应的准备。

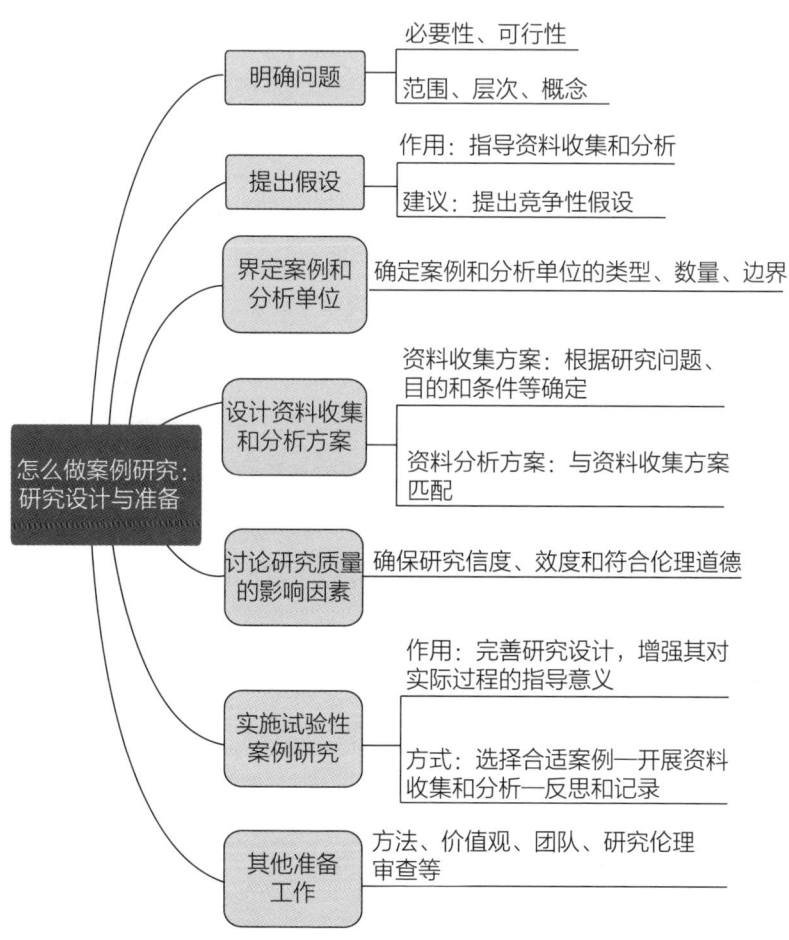

怎么做案例研究：
研究设计与准备

- 明确问题
  - 必要性、可行性
  - 范围、层次、概念
- 提出假设
  - 作用：指导资料收集和分析
  - 建议：提出竞争性假设
- 界定案例和分析单位
  - 确定案例和分析单位的类型、数量、边界
- 设计资料收集和分析方案
  - 资料收集方案：根据研究问题、目的和条件等确定
  - 资料分析方案：与资料收集方案匹配
- 讨论研究质量的影响因素
  - 确保研究信度、效度和符合伦理道德
- 实施试验性案例研究
  - 作用：完善研究设计，增强其对实际过程的指导意义
  - 方式：选择合适案例—开展资料收集和分析—反思和记录
- 其他准备工作
  - 方法、价值观、团队、研究伦理审查等

到目前为止，我们已经探讨了案例研究的定义、价值、类型以及质量评价标准，对于什么是案例研究、从事案例研究的意义以及一个理想的案例研究的大概轮廓，我们已经心中有数。这一章，我们正式进入案例研究的设计和实施阶段，探讨如何进行研究设计与准备。

研究活动是由一系列步骤构成的复杂工作，因此，事先对研究过程进行设计和计划，并做好相应的准备，是有效地开展研究、保证研究目的实现的关键。研究设计是指"研究者事先基于自己对研究现象的初步了解，根据自己所拥有的研究手段、方法、能力、时间和财力等条件因素，为满足自己的研究目的而进行的一个初步的筹划"（陈向明，2000:67），它是研究实践的纲领性指南。案例研究的设计工作包括明确问题、提出假设、界定案例和分析单位、设计资料收集和分析方案、讨论研究质量的影响因素以及实施试验性案例研究等六个基本方面。通常情况下，研究设计的各部分内容都需要落实到纸面上，用文字尽可能详细地记录和说明。一方面，撰写的过程能够帮助我们更好地思考；另一方面，这使我们在实际研究中可以随时回顾最初的研究思路和注意事项等，更好地发挥研究设计的指导作用。研究准备则是指为确保正式研究的顺利开展而在方法、人员、物质以及心理等各方面开展的筹备工作，其形式多样、不拘一格。本章首先讨论案例研究设计工作包含的六个基本方面，然后总体性地介绍其他方面的准备工作。

第一节　明确问题

案例研究设计的第一步是提出研究问题。如同第一章的分析，案例研究擅长回答的是"怎么样""为什么"的问题，通常用于探索当下的事件。因此，当我们发现自己想要探究的问题属于这一类时，就可以认真考虑以案例研究的方法来展开探究。

那么，如何明确自己的研究问题呢？研究问题的来源可能是多样的，比如个人经历、社会议题、学术争议以及理论启发等。对于研究经验不足的人来说，常见的情况是，他们有一些经常关注的话题领域，对某些特定的社会议题尤其感兴趣，同时可能也存在一些尚未获得满意答案的困惑，这些兴趣点和困惑给予他们探究的冲动。不过，刺激他们想进行探究的困惑很可能只是一些社会现象或社会问题，比如教育领域中的教育公平问题、大学生就业难问题、应试教育问题等，尽管这些议题是广受关注、有待解决的社会现实问题，但它们都难以直接作为研究问题。主要原因在于这些议题的范围都很大，包含很多具体的现象和问题，涉及的对象、因素和关系复杂，很难通过一个研究来描述和解释清楚。从一个宽泛、笼统、复杂的社会现象，到一个具体的、可以通过探究活动加以回答的研究问题，还有很远的距离。

从社会议题中提炼出合适的研究问题，需要考虑的因素有很多，这里着重探讨其中的两个方面，即研究的必要性和可行性。假设我们关心的话题是诸如上述提及的有社会价值的公共议题，那么从这些社会现象或问题中生发出的研究问题就有明确的社会观照，研究结果就有望提供新的视角，加深我们对这些现实问题的理解和认识，这在一定程度上已经为研究的现实意义提供了保证。我们在这里强调的"必要性"主要是指学术上的必要性，也即一个问题是否也是学术界感到困惑的问题，具体而言，就是指在过往研究中还没有得到令人满意的解答的问题。这就需要我们就自己感兴趣的议题进行文献检索和阅读，了解学界对于该问题已经做出了哪些探索、得到何种结论。我们的研究问题应该建立在学界已有研究的基础上。如果一个问题在学术界已经有了大量研究和许多成为常识的知识，那么再就这些问题进行探究的必要性就比较低，因为只需要通过阅读和学习已有研究成果和知识便足以解答研究者个人的困惑，从事这类问题的研究也许只能练习个人的研究技巧，对于增加公共知识没有太大帮助。因此，为确保研究的必要性，就需要进行文献回顾，在已有研究的基础上聚焦并提炼值得探究的问题，并尝试推进现有研究，贡献新的认识。

可行性是指研究问题应当是在我们所拥有的人员、资源和能力范围内可以解决的问题，通俗地说，就是选择研究问题时要量力而行。假如一位研究者对小学生参与校外补习的情况感兴趣，他能够建立一个由 6 人组成的研究团队，有 1 年的时间和 5 万元的经费，认识某个市区多所小学和校外补习机构的教师以及学生家长，也许他可以研究类似于"某区小学学生参加校外补习的情况"的问题，对该区的多所小学进行多案例研究；反之，如果这位研究者没有研究团队或合作伙伴，只有半年的时间和5000元的经费，认识的学校和校外补习机构的教师及学生家长有限，那么对他来说更可行的研究问题是"某小学学生参加校外补习的情况"，聚焦到一所小学进行单案例研究。

当我们提出一个总的研究问题之后，还需要进一步明确研究问题的范围、维度和层次，也就是说这个大问题可以细分为哪几个更有可操作性的小问题。以"某小学学生参加校外补习的情况"为例，这个总的研究问题比较抽象，我们需要对其进一步细分，比如可以从以下四个子问题入手来进行具体的研究：（1）该小学有多大比例的学生参加校外补习？（2）哪些因素影响学生参加校外补习？（3）学生对参加校外补习的态度如何？（4）参加校外补习对学生的发展有何影响？

此外，我们还需要指明研究问题中关键概念的含义，限定问题的边界。比如，上例中的"校外补习"就是研究的关键概念，它具体是什么意思？包含作业辅导、兴趣特长培训、课后托管吗？包含在线的网络课程吗？平时、周末和寒暑假的补习都包含在内吗？免费的和收费的都算吗？此外，第四个子问题当中的"发展"也是一个有待界定的关键概念，它是指学生哪方面的发展？是指学业表现或者认知能力的发展吗？是否包括非认知能力的发展或者身体素质的发展？只有在研究设计阶段界定清楚"校外补习""发展"等关键概念的含义和边界，后续的假设提出、资料收集和分析方案的设计才有可能。

　　至于如何界定研究概念和范围，一方面可以参考过往研究是否形成共识，另一方面则是根据自己的研究目的而定。无论如何，概念的所指物应该明确，问题的边界应当清晰，这样才能对后续的研究设计和实施有指导意义。

　　总之，研究设计的第一步是明确研究问题以及其中的关键概念，确保研究问题的范畴清晰，且在操作上可行、在学术上必要。

第二节　提出假设

　　在明确研究问题的基础上，我们需要提出研究假设。由于案例研究方法长于发展和建构理论而非验证理论，因此一种观点认为不应该在研究之初提出研究假设，避免先入之见影响研究的客观性。不过，我们更赞同另一种观点，即案例研究也需要提出一定的研究假设（麦瑞尔姆，2008；殷，2017），以此为后续的研究设计和实施提供方向指导。即使是十分粗略的研究假设，也比没有要好。

　　研究假设可以视为对研究问题的猜想性回答。当我们提出一个研究问题时，尽管有待通过实际的探究活动来回答，但此时我们对该问题并非毫无见解。事实上，当我们在反思现实经验、回顾已有文献以聚焦研究问题时，我们已经在收集与研究问题有关的资料，并逐渐形成对研究问题的背景、情境、过程和机理的认识。因此，在意识或者潜意识层面对于研究问题的答案有所猜想，再把这种猜想具体化、条理化、文字化，往往就形成了研究假设。比如上文中关于校外补习的研究，如果我们将校外补习限定为在校外进行考试科目的补充学习，把发展限定在学生的学业成绩方面，尽管我们还没真正开始资料收集工作，但根据已有文献以及现实经验，我们可以对研究提出如下假设：预估案例小学的学生参加校外补习的比例，推测参加校外补习的学生可能具有成绩落后、家庭经济情况较好、家长无暇或无力指导学业等特征；影响学生参加补习的因素至少包括学业成绩、家庭社会经济地位、家长对子女的辅导时长、其他同学参加的影响等；学生对参加补习的态度可能包括反抗抵触、被动应付、积极主动等几种类型；参加补习对不同类型学生学业成绩的影响可能不同；等等。

为何提出研究假设十分必要呢？通过提出假设，我们能够将自己头脑中对研究问题的感性或理性认识明确化、条理化，加深对问题的理解，并且提醒自己对这些假设保持距离并进行客观分析，避免这些潜伏在头脑中的前设影响资料收集和分析的方向。更重要的是，提出假设能够使我们明确资料收集和分析的方向，避免眉毛胡子一把抓，或者由于主次不分而未能收集到对于研究问题真正关键的资料。比如，上一例子中，我们假设影响学生参加补习的因素包括学业成绩、家庭社会经济地位、家长对子女的辅导时长以及其他同学参加的影响等，那么在资料收集中就要有意识地收集这四个方面的信息，在资料收集和分析的过程中检验这些假设的正误，并提醒自己对资料保持敏感，注意是否还有其他重要的影响因素。研究者如果没有事先提出这些假设，那么收集资料的方向感、边界感可能会较弱，需要收集和处理的资料更庞杂，研究进程可能会更缓慢，研究者的注意力也更有可能被某一方面大量涌现的信息所占据，不那么容易注意到其他重要的影响因素。另外，提出研究假设也是案例研究中理论建构工作的一部分，因为假设通常是对研究问题中关键概念之间关系（因果关系、时间关系、序列关系等）的预测，这赋予了研究理论化的色彩。

值得注意的是，我们提出研究假设时应该尽量建立或寻找一组对立的或者竞争性的假设。正如殷所言，"解决、拒绝的竞争性解释越多，你的研究发现越重要"（殷，2017：46）。这其实很好理解，因为现实生活中的因果机制通常十分复杂，一因多果或一果多因的情况十分常见，如果通过实证研究拒绝了竞争性假设中的几个而证实了另外几个，就比单纯地证实某几个假设更有说服力，研究结论的可靠性就更强。比如，上例中，我们假设学业成绩较差的学生会更多地参加补习，目的在于补差。对此可以有一个对立的假设，即成绩处于中上水平的学生比成绩落后的学生更多地参与补习，目的在于竞优。如果我们的研究能够揭示哪一种情况更符合现实，或者两种情况在现实中都存在，只不过其发生条件和情境不同，这就比单纯地说明其中一种情况更有价值。

学术研究中有许多经典的竞争性假设，比如，对于个体的受教育水平越高，收入水平一般也越高的现象，教育经济学领域有几种不同的竞争性假设或理论解释：假设一认为，教育提高了个体的知识和技能（"人力资本"），因此个体得到了更高的回报；假设二认为，教育水平是反映个体能力的一种信号，雇主更容易注意、辨识并愿意选择信号更强（教育水平更高）的个体；假设三认为，劳动力市场原本就是分割的，高级和次级劳动力市场所需的劳动力不同，薪资水平也不同，两个市场接受的劳动力群体不同且相互之间流通程度很低。再如，对于同类组织的结构形态十分相似的现象，组织社会学领域也有一对竞争性的假设：假设一认为，同类组织之所以采取类似的内部结构，是由于这种安排最能够确保组织运行效率最大化；假设二则认为，这并非出于效率最大化的需要，而是出于合法性的需求，即与其他同类组织保持一致能够确保一个组织的合法性。通过这两个例子可以发现，如能针对同一个问题提出不同的假设，并通过研究来说明哪种假设更符合现实情况，则研究的意义、价值和趣味性都能得以加强。这也从一个侧面表明了在研究设计中提出假设的另一个好处，即有助于案例研究进行分析性归纳，并完成最终的理论发展或建构目标。

那么如何才能提出竞争性假设，让研究假设更好地服务于分析性归纳和理论建构的目标呢？首先，这与我们所选取的研究问题的性质有关。如果一个研究问题本身比较复杂，那么通过对研究现象的观察和分析，通常可以提出不同的甚至对立的假设，因此竞争性假设往往更适用于解释性研究，而不太适用于探索性研究或描述性研究。其次，一种提出竞争性假设的方法是通过回顾文献，将自己暴露在不同的理论观点和研究结论之下，从不同的理论流派和研究发现中演绎出不同的假设，这再次提醒我们理论学习和文献回顾的必要性。最后，对于研究问题和研究假设中的关键要素，应当有意识地使用更加学术性的抽象概念，这是由于我们的日常用语是生活化、口语化的常识性语言，其内涵通常较为单薄，分析时力度较弱，因此，为了实现理论建构的目标，在研究问题和假设的表达中就要有意识地使用学术性和理论化的语言。

当然，如果我们试图进行的是探索性案例研究或描述性案例研究，旨在探索和描述某案例的客观现状，而非解释其中隐含的因果关系，那么可能难以提出竞争性假设。对此，殷（2017）提出了一个替代方案，在研究设计中阐明探索或描述的对象、目的以及质量检验标准，使之起到与研究假设类似的作用，即加深对问题的理解，并不断进行自我提醒，明确资料收集和分析方向，以完成理论的建构。

第三节　界定案例和分析单位

当我们明确研究问题和研究假设以后，接下来需要做的是界定案例和分析单位。在之前的章节中，我们已经指出，案例是有一定时空边界的一个单位，如某个人、某个组织或某个事件等；而分析单位是指资料收集和分析的单元，整体性案例研究中，案例本身就是分析单位，嵌入性案例研究则在案例内部还有更加细分的分析单位。由于案例研究就是通过对个案的考察来认识个案所承载的更广泛的现象，整个研究过程都围绕案例开展，因此，合理地选取案例、准确地界定案例及其中的分析单位是研究成功的关键。

我们在第三章中以实际例子分析了四种常用的案例研究类型，以及案例数量和分析单位数量的因素，因此，在确定自己应该采取何种类型的案例研究时，不妨回顾第三章的相关内容。

关于如何选取案例，前几章也从不同角度进行了讨论，这里不再赘述，只是简单回顾要点。对于单案例研究类型来说，在第三章里我们讨论了五种适宜采用单案例研究设计的情况，即典型的、反常/极端的、启示性的、追踪性的和批判性的案例，这几种情况也相应地指明了应当选取的案例的特点。对于多案例研究来说，在第二章中我们指出案例的选择需要遵循复制法则，包括逐项复制和差别复制两种类型，即根据研究假设（尤其是竞争性假设）中的关键要素有意识地选择相似或相异的案例，以重复验证假设或排除竞争性假设。不过，无论是哪种类型的案例研究，选取案例时的一个共同准则都是案例本身的丰富性，也即案例本身包含了足够的信息量和故事，当然这种丰富性是针对研究问题而言的。同一个案例对不同的研究问题来说丰富程度不同，因此案例的选择最终依研究问题而定。

关于案例选择的具体方法，一般需要先明确可供选择的案例范围和数量，初步收集关于这些案例的总体特征的资料，作为筛选案例的辅助判断依据。针对不同数量的可选案例，殷（2017）提出了两种方式，即一阶段筛选和两阶段筛选。当可供选择的案例数量在 12 个以内时，可以直接从中筛选，即一阶段筛选方式。而当可供选择的案例数量超过 12 个时，则需要分两步来选择案例：首先划出一定标准，从众多案例中筛选出符合标准的 12 个，然后从这 12 个案例中精选出那些资料最为丰富、最符合研究所需的案例。两阶段筛选方式能有效地减少案例筛选时的信息负担，避免研究者迷失于大量案例中，难以抉择。这里还需对多案例研究的案例数量做一说明：多案例研究中应该包含几个案例并没有定论，需要根据研究问题和假设的复杂性、对研究结果可靠性的要求程度、案例的可获得性、研究条件和资源等综合考虑。在纯粹质性的案例研究中，案例数量可能较少，但对每一个案例的研究深度通常较深，例如，克里斯韦尔认为案例数量一般不会超过 4 个（克里斯韦尔，2009：71）；而在强调同时运用质性和量化资料收集方法的案例研究中，案例数量可能会较多，比如殷认为包含 6—10 个案例的多案例研究通常能够得到比较严谨和坚实的结论，其中 2—3 个案例应属于逐项复制，4—6 个案例应属于差别复制（殷，2017：72）。

除了上述的案例筛选标准以外，在界定案例时还需要考虑以下两个准则。第一，案例的时间和空间边界应当清晰，避免混淆案例和案例所处的背景。这一点在选取十分抽象的案例时尤其需要注意，比如，当案例是某种行动策略、某一事件时，就需要清晰地说明在什么时间段和空间范围内，由哪些标志性事物或事件构成案例，以避免研究焦点模糊。第二，当案例内还包含次级分析单位时，同样需要清楚地界定分析单位的边界。这样做有两个好处：一是避免案例和次级分析单位的混淆，二是避免次级分析单位与更小的资料收集对象的混淆。以第三章提到的"世界大学学术排名"案例研究为例，案例是大学，案例内分析单位是教育质量、教师质量、研究成果和师均表现，即对每所大学的质量评估都由这四个方面构成，但资料收集对象可能包括若干教师、学生、行政管理人员以及相关的档案数据。在这样的研究中，清楚地界定案例以及案例内分析单位，能够使研究者在面对个体化的资料收集对象时牢记研究目标，收集与案例及其分析单位密切相关的资料，在资料分析时明确分析单位的层次，避免资料收集方向和分析重点的偏移。

当然，如果发现自己很难清楚地界定案例和分析单位，那么有可能是因为研究问题本身还不够清晰。此时可以返回研究问题，反思自己究竟想要探究什么、哪些案例以及案例内的哪些资料最能回答研究问题，并尽可能用简明清晰的语言来表述。另外，请他人对你的研究提问、与他人讨论也有助于澄清案例和分析单位的边界。

第四节　设计资料收集和分析方案

资料收集和分析是整个研究的主体部分，研究中的大部分时间和精力都将投入这部分的工作，因此在研究设计阶段需要对资料收集和分析的方案进行充分的设计和规划，以保证研究的主体工作顺利开展。由于资料收集和分析的重要性和复杂性，我们将在下一章详细阐述如何具体进行资料收集和分析工作，这里只是简要地概括相关的方法、技术和原则，并讨论在研究设计中应该如何计划资料收集和分析的工作。

一、资料收集方案

我们在定义中已经明确，案例研究通过多种方式收集和分析资料，因此其资料来源和形态多样，既可以是文字、图片、音像等质性资料，也可以是数据资料。不同的学者对资料来源有不同的理解和分类，例如，殷对案例研究的证据来源划分很细，包括文件、档案记录、访谈、直接观察、参与式观察和实物证据等六类（殷，2017：125）。更多的学者则将案例研究的资料来源分为三类，如麦瑞尔姆（2008）和斯塔克（Stake, 1995）将其分为访谈、观察和文件三类，这与质性研究通常的分类方式类似。陈向明也指出访谈、观察和实物收集是质性研究中最常用的三种资料收集方式（陈向明，2000：95）。在真实的研究中，资料的类别并不那么重要，只要能够充分地回答研究问题，各类资料和数据都可以灵活使用。

在研究设计中，我们需要根据研究问题的特点、研究目的、自己所拥有的条件和资源以及不同方法的适用情况和特点等来预想、判断和选择合适的资料收集方法。比如，观点、态度等意义建构类问题适宜采用访谈法来收集资料，事件发生过程类问题可以使用观察法，对组织机构的研究可以借助档案研究法来收集资料。但访谈法对研究者的访谈技巧有较高要求，观察法的使用情境比较有限，而档案资料的可获取性往往是研究中的阻碍。关于不同资料收集方法的适用情境以及具体的实施方法，下一章有更详细的说明。值得一提的是，在研究设计阶段，我们也只能根据前人的研究和自己的经验对研究情境进行预测，而现实情况究竟如何，只有在真正的研究过程中才能发现，所以此时我们只是对资料收集方法进行一些总体的规划，到研究实施阶段还需要根据研究情境灵活调整。比如，如果我们想研究一所学校的决策制定过程，原计划以访谈法作为主要的资料收集方法，但在访谈学校决策者的过程中，我们逐渐获得他们的认可，被邀请参与相关决策的会议，那么就可以通过列席决策会议来收集观察资料，也就是说，我们多了观察法这个资料收集的方法；反之，如果决策者因为工作繁忙而无法接受访谈，那么在访谈行不通的情况下，也许我们只能调整策略，比如尝试查看相关的会议纪要等，以档案研究法收集资料。

　　无论我们计划采取何种方法来收集资料，在研究设计中都需要说明为什么选择这些方法、用这些方法来收集什么资料、我们将如何使用这些方法、所选择的几个方法之间的关系以及资料收集方法与研究其他部分的关系。这听起来似乎有些复杂，但对这些问题进行详细说明是有必要的。当我们提出研究问题和假设，明确了案例和分析单位之后，对于资料收集方法其实已经有了一些直觉感知，但直觉感知的方法有可能只是自己习惯使用的方法或是已有研究中常用的方法，并不一定是最适合这项研究的，甚至可能存在明显的弊端，比如有可能无法全面地回答研究问题、在实践中实施的障碍较大、几种资料收集方法之间不能互补或相互印证等。对上述问题进行详细说明有助于我们更具体、清晰和条理化地思考应该使用哪些资料收集方法以及如何使用，通过在头脑中预演资料收集的过程以发现其中潜藏的问题和可能遇到的障碍，并由此提前设计相应的解决方案。这种缜密的设计有助于真实的资料收集过程的顺利开展。此外，在确定了具体的资料收集方法后，还需要就该方法设计相应的工具，如访谈提纲、观察提纲和记录表、调查问卷等。

　　我们以前文提到的"某小学学生参加校外补习的情况"的研究为例，说明如何思考和回应这些问题。在这项研究中，我们想了解该校学生参加校外补习的比例、学生态度、影响学生参加补习的因素以及参加补习对学生学业成绩的影响。根据四个分问题的性质，设想档案研究法、访谈法和调查法是比较适合的研究方法。其中，档案研究法是指借助学校的相关记录来了解学生的学业成绩。如果选定的案例小学对学生参加校外补习的情况已经有相关的统计记录，那么档案研究法还可以全面地回答第一个研究问题和部分地回答后续几个研究问题，即案例小学的学生参加补习的比例、参加学生有何特征以及参加者的学业成绩。访谈法在这项研究中主要用于了解学生对参加校外补习的态度。如果学校并未掌握学生参加校外补习的情况，那么我们可能需要综合使用访谈法和调查法来获得这方面的资料。比如，可以先分别访谈学校的几位管理者、各年级的班主任和任课教师，以了解学生参加补习的比例和类型，以及教师关于校外补习对学业成绩影响的判断等；然后，访谈若干位学生，以了解他们参加补习的原因、类型和态度；最后，根据访谈所得资料，我们也许能够对学生参加校外补习的原因和态度做出一定的类型划分，结合人口统计学信息就可以设计一份有针对性的简明问卷，通过一定的抽样策略发放问卷，就能获得比较精确和全面的数据。由此，问卷调查数据能使我们了解案例小学学生参加校外补习的总体情况和趋势特征，结合档案资料提供的学业成绩信息，便能进行一定的统计分析，而访谈资料则提供了更加生动、丰富甚至深刻的细节信息，不同资料收集方法之间能够互为补充。在确定使用何种方法收集资料后，还需要拟定具体的实施方案，比如，针对不同对象分别设计访谈提纲；采用观察法，也要拟定观察提纲和观察记录表；采用档案研究法或实物收集法，则需要拟定好将要收集的具体档案和实物资料列表等。

　　除了上述要点外，研究设计时还需对资料收集的终止时间和标准做出说明。资料收集可以告一段落的通用标准是信息饱和，即所收集的资料中已经出现重复资料，继续收集也不能发现新的资料。除此之外，研究者还需要结合具体的研究问题提出一定衡量标准，比如收集到关于研究对象或研究问题的哪些资料时，或者到什么时间节点可以暂停资料收集工作，提出这些标准有助于研究者合理安排资料收集过程。

二、资料分析方案

由于案例研究强调综合使用不同的资料收集方法，因此其资料形态往往十分多样，这也给资料分析带来一定的挑战。对此，不同的学者提出了不同的策略。例如，殷总结了四种资料分析的策略，即以理论假设为基础、整合原始资料、进行案例描述、检验竞争性解释。他还提出了五种具体的分析技术，分别是模式匹配、建构性解释、时序分析、逻辑模型以及跨案例聚类分析。（殷，2017：156）艾森哈特将资料分析分为两个部分：一是案例内分析，主要的策略是进行详细的案例描述；二是寻找跨案例模式，策略有三，即选定维度后寻找组内相似点和组间不同点、案例配对后列出每对案例之间的相似和不同点、分别分析不同类型的数据（李平 等，2012：11）。麦瑞尔姆强调资料收集和资料分析的同步进行，她建议首先进行案例描述，然后寻找贯穿数据的类别和主题，将其作为基本的概念性要素，最后进行理论建构（麦瑞尔姆，2008：136）。不同学者的具体建议虽然不同，但基本思路类似，都遵循从描述到解释、从分类分析到综合归纳、从案例内分析到跨案例分析的顺序，总体上可以归结为类属分析和情境分析两大路径，我们将在下一章展开更详细的探讨。

一般而言，资料分析的具体方案需依据所收集资料本身的特点而定。在研究设计阶段，尚未开始收集资料，此时对资料分析方案的设计只是预想性的。当然这种预想并非无章可循，因为资料的特点主要受到资料收集方式、所选案例以及研究问题和目的的影响。因此，资料分析方案的设计其实与前面几个步骤的研究设计是一脉相承的。如果是一个单案例研究，就不涉及跨案例分析方案，只需要进行案例内的详细描述和分析；如果研究的资料来源十分复杂，则需要提前设计好资料整合、三角验证和形成证据链的方案；如果所研究的案例能够提供过程性、时间性的数据，则资料分析方案中就需要包含时序分析的设计。

总之，案例研究的资料分析需要与资料收集一以贯之、相互匹配，在研究设计时需尽可能地做出详细规划以作为后续实践的指导。当然，实际的研究中可能也需要根据实际情况进行灵活调整。

第五节　讨论研究质量的影响因素

除了前述的明确问题、提出假设、界定案例和分析单位以及设计资料收集和分析方案以外，案例研究设计阶段还需要讨论研究质量的影响因素。我们在第三章第三节中已经讨论了什么是好的案例研究，指出一项好的案例研究应当有信度和效度，并符合伦理道德。在研究设计中，我们需要依据这几条标准，逐一分析当前的研究设计是否能够保证研究质量、在哪些方面可能存在影响信效度和伦理原则的问题、应该如何避免和解决这些问题。

结合第三章的分析可知，尽管研究问题、假设和案例选取在一定程度上对研究质量有所影响，但研究的资料收集和分析阶段是影响研究质量的主要阶段。由此，在研究设计时，我们就需要有意识地思考当前的资料收集和分析方案是否能够保证信度、效度和符合伦理原则。

例如，研究信度强调研究的方法、数据和结论等各部分之间连贯一致，这要求我们在研究设计时不断思考和预估自己所选取的资料收集和分析方法是否能够真正回答研究问题。同时，研究信度还要求我们在研究过程中撰写详细的研究记录，以便自己和他人回顾和检验研究的整个过程。因而，在研究设计中，我们可以罗列出收集不同类型资料可能会用到的记录表单或工具，如观察记录表、接触摘要单等（详见第五章）。为了确保研究效度，我们需要追问自己："我将采取哪些措施来确保对研究现象和案例的准确描述？作为研究者，我有什么前设和观念？我在研究中的角色、位置以及与研究对象的关系是什么？这些因素可能会对研究过程和结果产生哪些影响？我如何确保对研究现象的解释、对研究结果的评价符合现实情况？"类似地，为了确保研究符合伦理道德原则，我们也需要反躬自问："我将如何确保自愿、保密、公正合理和公平回报的原则贯穿整个研究？研究设计中的哪些步骤可能会对这些原则产生威胁？研究过程中可能会有哪些困难？我是否要做出妥协和调整？如何平衡坚持原则和灵活调整之间的关系？"对这些问题的反思能够帮助我们在研究设计时充分考虑研究质量的影响因素，促使我们寻找更有效的研究工具和方案，并修正和完善现有设计。

如表 4.1 所示的"质量评价标准清单"罗列了在研究的各个阶段可以用来确保研究质量的策略，读者可以参考这一清单来检查自己的研究设计方案纳入了哪些策略，能够在多大程度上确保研究的信度和效度，是否符合伦理道德原则，还可以从哪些方面着手确保研究质量。

表 4.1　质量评价标准清单（改编自殷，2017：56）

质量评价标准	案例研究策略	策略所属阶段
信度	撰写案例研究草案 建立案例研究资料库	资料收集
内部效度	使用多种资料来源、三角验证 评估资料的质量	资料收集
	类属分析和情境分析 借助图表 借助理论假设 分析竞争性解释	资料分析
	请同事阅读和提问 请资料提供者检查核实研究报告	报告撰写

续表

质量评价标准	案例研究策略	策略所属阶段
外部效度	多案例研究 通过理论指导研究、建构理论	研究设计、 资料分析
伦理道德原则	自愿和不隐蔽原则 尊重个人隐私和保密原则 公正合理原则 公平回报原则	研究全过程

第六节　实施试验性案例研究

试验性案例研究（pilot case study）也可以称为前导性案例研究或试点性案例研究，是指在进行正式的案例研究之前，先试验性地进行规模较小、难度较低的案例研究，以检验当前研究计划的可行性、发现潜在问题以及预估时间和经济成本等，从而完善研究设计、获得实际经验，保证正式研究的顺利开展。

在调查研究或实验研究中，这种试验性研究（pilot study）（也称前导性研究或预研究）十分普遍，这是由于量化研究方法要求以结构化的研究设计和研究工具（如问卷、实验设计）对随机样本施测，获得精确数据，通过统计检验的方法得到具有推广性的结论，并以此预测事物的普遍规律。这些特点对量化研究的整体设计、研究工具、样本代表性和统计方法等都有严格要求，因此必须确保研究设计万无一失。试验性研究能够以相对较低的样本规模和成本来检测其研究设计的质量，及时发现问题并修正，从而避免正式的大规模研究中出现无法弥补的问题。相比之下，质性研究方法很少明确提及试验性研究这个概念，这是由于质性研究强调依据研究的实际情境和进程不断调整研究方案甚至研究问题，形成性、过程性、开放性是其重要特点，质性研究的设计方案允许实际研究过程中的调整和变化。尽管质性研究不强调"试验性研究"这个概念，但可以说其研究过程的初始阶段实质上发挥了试验性研究的功能——质性研究正是通过早期阶段的探索和尝试而逐渐聚焦研究问题，并形成一个能够有效回答研究问题的方案。

我们将试验性案例研究作为研究设计的一部分，目的在于尽可能增强研究设计对实际研究过程的指导意义，确保案例研究能够得到有意义的、经得起检验的坚实结论。我们在第一章中提到过，案例研究的严谨性和科学性常常受到误解和质疑，而且该方法的工作量成本不低。为了应对这些挑战，一个策略就是以更加周全、严密和结构化的方式来设计和实施案例研究，而试验性研究有助于实现这一目标。比如，我们原计划进行一项整体性单案例研究，但通过试验性研究的资料收集和分析发现，一个案例远不足以回答研究问题，而且备选案例都十分复杂，需要把它们分解为更小的分析单位才能更好地认识现实情况，那么此时就需要对研究设计做出较大的调整。类似地，通过真实的研究过程，资料收集和分析方案、确保研究信效度和遵循伦理道德原则的方案等都会得到检验。通过这些说明，相信你已经明白试验性案例研究对于修正和完善研究方案、积累实际研究经验、加强研究的准备工作大有裨益。

那么如何进行试验性案例研究呢？通常来说，首先需要寻找合适的案例。这一步需要结合研究设计对案例的界定，同时考虑可获得性、便利性和地理相近性等原则，以尽量降低试验性研究阶段的难度，以较低的成本来获得研究经验。也有学者提出可以在一开始就选择更加复杂的案例，从而在试验阶段尽可能暴露实际研究中可能遇到的问题。前一种方式具有从易到难、循序渐进的特点，符合大多数人的认知方式；后一种方式则更加适合经验丰富的研究者。确定案例之后，就可以根据研究设计的方案开展资料收集和分析的工作。资料收集的范围可以比研究方案中的更加宽泛，以减少研究设计中可能存在的遗漏；资料分析时需尤其注意资料中浮现的"本土概念"与文献和理论中的理论概念的比较和对话，这有助于正式研究中的理论建构。此外，在试验性研究中，非常重要的一项工作就是对研究过程和结果的反思与记录。比如，我们需要反思：针对研究问题和对象获得了哪些重要的认识、有何初步发现；在方法上有何经验、教训和待学习与改进之处；还有哪些准备工作需要加强；研究设计中的哪些部分与现实情况不符，应该如何调整研究设计；等等。在试验性研究结束后，我们应该已经完成了一份备忘录或者试验性研究报告，并应当据此来调整和进一步完善研究设计方案。

第七节　其他准备工作

到目前为止，案例研究的设计工作已经基本完成了，此时研究者跃跃欲试，希望立刻进入"研究现场"开始正式的资料收集工作。不过，我们还要反思和检查一下研究的准备工作是否充分，因为"磨刀不误砍柴工"，充分的准备是保证研究质量的前提。我们从能力、价值观、团队等方面简要讨论案例研究所需的其他准备工作。需要说明的是，这些准备工作并不限于研究设计完成之后的阶段，反而往往是伴随甚至先于研究设计的，需要研究者付出长期的努力。

我们已经知道，案例研究需要综合运用多种方法来收集资料，包括访谈、观察、实物收集、问卷调查等，这对研究者来说是一个不小的挑战，因为不同方法有不同的认识论基础、技术要求和注意事项。对于不同的认识论基础，我们认为可以秉持一种实用主义的价值观，以回答研究问题为最终目的，在不同方法之间"各取所长"，充分发挥各种方法的优势来收集多样的资料。研究者需要一个装备精良的"工具箱"才能真正用好这些方法，也就是说，研究者可能需要付出额外的努力来学习和掌握每一种方法的技术要求和注意事项。例如，访谈法需要研究者制定合理的访谈提纲，在访谈过程中有效倾听、适时回应，而焦点团体访谈又比一对一访谈的难度更大，对研究者的集体协调能力、组织讨论能力、把控讨论进程的能力等有较高要求。类似地，观察法要求研究者能够有效捕捉视觉信息并快速记录，实物收集要求研究者能够有效查询、辨别和分析不同形式的资料，问卷调查则要求研究者具备问卷设计和统计分析等方面的能力。关于这些资料收集的方法和技术，已经有大量的相关书籍可供参考，我们在本章末尾的拓展阅读清单中也列举了一些。这些方法和技术的学习是一个长期的过程，研究者需要在平时有意识地积累和练习。

　　除了具体方法和技术上的准备，案例研究者（或者说所有优秀的研究者）还需要具备一些更加综合的价值观和心性品质，例如，殷（2017）归纳了案例研究者应该具备的五点品质。一是善于提问，即研究者需要不断发问，尤其是在资料收集和分析的过程中；需要不断思考资料提供了哪些信息，这些信息能在多大程度上回答研究问题；从资料中又涌现出哪些新的有待解答的问题。二是善于"倾听"，这是指研究者需要学会抓住各种类型资料背后的信息，比如，理解访谈中受访者的言外之意，从文献档案顺藤摸瓜，发掘出更多有价值的线索等。三是保持弹性，即根据研究的实际进程适时调整研究方案。四是抓住研究问题的本质，即深入理解有待研究的现象及其所反映出的问题，像侦探一样有效地综合不同信息以获得问题的答案，而不是迷失于众多的资料中。五是避免偏见、遵守研究伦理，前文已经讨论过研究伦理，避免偏见，即保持客观和实事求是的态度，避免以个人主观意见遮蔽事实真相。当然，这些能力和品质的培养都不是一日之功，而有赖于在实际研究过程中不断练习。

　　此外，一些较为复杂或规模庞大的研究课题可能需要通过团队研究的方式来完成，此时就涉及研究团队的组建和培训等方面的准备工作。艾森哈特尤其建议以团队形式来进行案例研究，她认为多个团队成员往往有不同的视角，这些不同见解能够相互补充，使得数据更加丰富，而且有利于从数据资料中发掘到新观点。同时，如果不同研究者都得到收敛趋同的发现，则能够增强结论的可信度（李平 等，2012：8）。不过，团队研究往往比个人研究更加复杂，因为只有确保不同成员都充分理解一项研究的问题、目的和研究方案，才能在不同研究者之间形成合力。对此，殷（2017）设计了一套团队培训和准备方案，可供参考。他指出，团队培训的目的是让所有成员熟悉整个研究的始末，通过集体智慧来改进研究设计，同时考查和确认团队成员是否具备相应的能力并能相互配合以完成这项研究。为了实现这样的目标，殷建议以研讨而非讲座的形式来进行培训，研讨的内容以研究设计为主，包括这项研究的目的、研究问题、理论假设、案例选择和研究方法等。团队成员的准备工作还包括一个或多个"案例研究草案"（case study protocol）。案例研究草案是针对单个案例的研究操作方案，一般包括研究概述、实地调研程序、研究问题、案例研究报告指南等四个部分。团队成员在对每一个案例进行研究之前都应分别形成一个草案（因此多案例研究有多个草案），以令所有成员达成共识，避免在一个复杂的研究中偏离主题。

最后，在涉及人类研究对象的案例研究中，可能还需要获得研究伦理审查委员会（institutional review board，IRB）的审查批准。顾名思义，研究伦理审查主要是为了确保研究者能够严格遵守研究的伦理道德原则，研究方案充分考虑并尊重研究对象的权益。国外的大学、研究机构和期刊评审通常对此十分重视，国内也在逐步建设这方面的制度。因此，在开展研究之前，研究者也需要关注自己所在的机构是否有这方面的要求。

结语

本章讨论了案例研究的设计与准备工作。完善的设计和充分的准备是保障研究质量的前提。在研究设计中，研究者需要首先明确研究问题，即从感兴趣的现象中提炼出有必要性和可行性的研究问题，并且界定问题及概念的范围和边界；其次，研究者需要提出一定的理论假设（最好是一组竞争性假设）以指导资料收集和分析工作；再次，在明确案例和分析单位的选择标准的基础上，研究者需要选择合适的案例和分析单位；最后，研究者根据研究问题、目的和其他客观条件来设计资料收集和分析的方案，讨论研究质量的影响因素，并实施试验性案例研究。

在研究准备上，最重要的是案例研究者的正确价值观和心性品质的准备，以及对具体的资料收集和分析方法技术的掌握。研究者应该在平时就注意学习和掌握访谈、观察、问卷调查、实物收集等具体的方法和研究技术，并在真实的研究工作中锤炼一个优秀研究者所必需的综合素养。此外，一些复杂的案例研究项目可能需要多名成员组成一个团队来共同开展研究，这就涉及团队培训和撰写案例研究草案等方面的准备工作。在涉及人类研究对象的案例研究中，还需要注意研究伦理审查方面的准备。

? 思考题

1. 在你看来，案例研究中的理论假设重要吗？为什么？

2. 如有条件，请查阅若干篇学位论文的开题报告或科研项目的申请书，分析其研究计划包含哪些要件，设计是否完备，能否有效指引研究的开展。

3. 请结合你想研究的问题，撰写一份简要的案例研究设计方案（2000 字左右），其内容应包括本章各节的要点。

4. 从事案例研究需要研究者具备哪些素养？请反思你是否具备这些能力和品质。如果有欠缺，你还需要从哪些方面进一步提升？

拓展阅读

1. 陈向明著《质的研究方法与社会科学研究》（教育科学出版社 2000 年版）第二部分。这一部分讨论了质的研究的准备阶段，有助于我们从更广阔的视角了解质性研究的设计与准备工作。

2. 罗伯特·K. 殷著《案例研究：设计与方法》（周海涛、史少杰译，重庆大学出版社 2017 年版）第三章。作者探讨了在案例研究资料收集之前所需的准备工作，可结合本章内容一起阅读。

3. 劳伦斯·F. 洛柯、维涅恩·瑞克·斯波多索、斯蒂芬·J. 斯尔弗曼著《如何撰写研究计划书（第 5 版）》（朱光明、李英武译，重庆大学出版社 2009 年版）。这本书详细探讨了研究计划的重要性，并介绍了研究计划书的格式体例、构成要素、撰写方法等，对研究计划的撰写有较强的指导意义。

──　参考文献　──

陈向明，2000. 质的研究方法与社会科学研究［M］. 北京：教育科学出版社.

克里斯韦尔，2009. 质的研究及其设计：方法与选择［M］. 余东升，译. 青岛：中国海洋大学出版社.

李平，曹仰锋，2012. 案例研究方法：理论与范例：凯瑟琳·艾森哈特论文集［M］. 北京：北京大学出版社.

麦瑞尔姆，2008. 质化方法在教育研究中的应用：个案研究的扩展［M］. 于泽元，译. 重庆：重庆大学出版社.

殷，2017. 案例研究：设计与方法［M］. 周海涛，史少杰，译. 重庆：重庆大学出版社.

STAKE R E，1995. The art of case study research［M］. Thousand Oaks：SAGE.

第五章

怎么做案例研究：资料收集与分析

本章提要

　　首先探讨了访谈、观察和实物等案例研究常见的资料来源及其操作方法，然后交流资料收集时需要注意的三个原则，接着对资料分析的方法与原则做出说明。通过阅读本章，读者可以明确案例研究的资料收集和分析应该如何做。

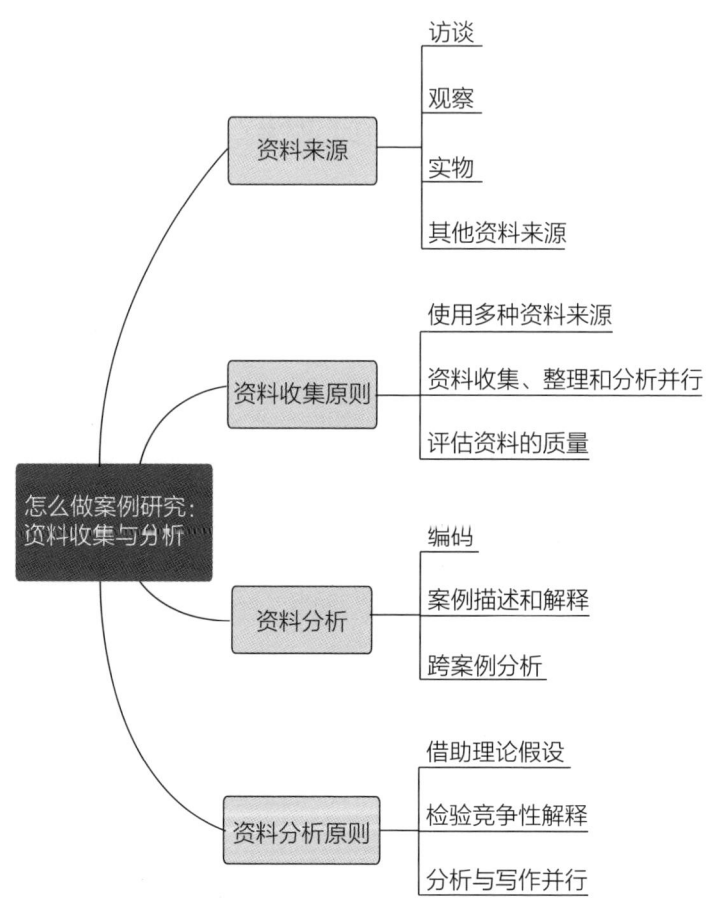

访谈

观察

资料来源

实物

其他资料来源

使用多种资料来源

资料收集原则

资料收集、整理和分析并行

评估资料的质量

怎么做案例研究：
资料收集与分析

编码

资料分析

案例描述和解释

跨案例分析

借助理论假设

资料分析原则

检验竞争性解释

分析与写作并行

在进行了充分的设计和准备后，我们终于可以正式进入案例研究的实施阶段，开始资料的收集与分析。案例研究的常见资料来源有哪些？资料分析有何方略可循？资料收集和分析中有哪些注意事项？本章将一一探讨这些问题。

第一节　资料来源

一、访谈

访谈是一种十分常用的资料收集方法，可能也是许多质性研究中最主要的资料来源。访谈是"一种研究性交谈，是研究者通过口头谈话的方式从被研究者那里收集（或者说'建构'）第一手资料的一种研究方法"（陈向明，2000：165），它在目的、形式、交谈双方的角色等方面与日常生活中的谈话有一定区别，因此需要经过学习和练习才能更好地掌握。

学界将访谈划分为不同的类型，比如根据研究者对访谈的控制程度可以将其分为无结构型/开放型、半结构型/半开放型和结构型/封闭型三种，在这三种类型中，研究者对访谈的控制程度递增。质性研究中常用的是前两种访谈，即以倾听受访者的谈话为主，研究者只是辅助受访者的谈话或者根据一个粗线条的访谈大纲来推进访谈，在本节中我们着重讨论这种访谈。结构型/封闭型访谈则是一种口头问卷调查，研究者根据事先设计好的问卷来询问每一位受访者，访谈提问、答案选项和记录方式等完全标准化，其设计和操作方式与后文的"问卷调查"类似，这里暂时不表。此外，根据受访者的人数，访谈可以划分为个别访谈和集体访谈（又称"焦点小组访谈"），两种形式差异很大，下文将首先介绍两种访谈中通用的做法，然后单独讨论焦点小组访谈的注意事项。

在运用访谈法时，一般需要先确定访谈对象。在案例研究中，我们需要结合研究问题以及研究设计中对案例和分析单位的界定，选择那些有可能为回答研究问题和认识案例提供大量信息的对象，这种方式通常被称为"目的性抽样"。此外，"滚雪球抽样"的方式也有一定价值，即通过受访者的介绍或推荐获得其他访谈对象，不过我们需要注意，以这种方式获得的访谈信息可能有较高的相似性，不利于多元化的视角收集以及资料的交义验证。在初步选定访谈对象后，我们需要与对方取得联系并发出访谈邀请，如介绍自己的研究课题，希望了解的信息，访谈的形式，以及自愿、保密原则等。在此基础上，针对访谈对象的特点设计访谈提纲，必要的话可以提前发给访谈对象，以使其对谈话的主题有更多了解和准备。

值得一提的是访谈提纲的设计。访谈提纲是研究者基于对研究问题、进程和访谈对象特点等因素的考虑而设想的一组问题大纲，主要用于提醒我们注意在访谈中有待获取的关键信息并推进谈话进程。访谈提纲的设计需要注意以下事项。首先，应避免直接拿研究问题作为访谈提纲的问题，因为二者存在根本的差异。前者是整个研究中有待回答的问题，通常比较复杂，需要研究者通过一系列的探究才能给出结论，不适合放在访谈中直接抛给访谈对象，否则会让人无从谈起。访谈提纲中的问题是为了从受访者那里了解相应情况、收集研究所需资料而设计的问题，应该具有简明、易懂、具体的特点。其次，提纲中的问题应该遵循从近到远、从具体到抽象、从描述到解释、从开放到封闭的顺序，这一安排与人们的认知方式和人际互动的特点有关。从认知上看，人们在探讨一个话题或事物时，往往最先进入脑海的是与这一事物或事件相关的具体情节，如果是一件持续一段时间的事件，则人们对最近发生的事情的印象最为深刻。同时，描述也比解释和评论更容易，前者要求的是具象思维，后者则需要抽象思考能力。从人际互动上看，人们往往不太愿意与不熟悉的人分享太多态度和评价方面的观点，受访者可能需要等到对研究者熟悉和信任之后才能比较坦诚地表达他们真实的想法。因此，遵循前述顺序来设计访谈提纲有利于访谈由易到难、由浅入深、循序渐进，确保访谈效果。与之类似，提纲中应该避免过多的"为什么"问题，这容易让受访者感到被冒犯或受到质疑，相比之下，"怎么样"的提问则更加温和，也更有利于从受访者的阐述中获得相关信息。再次，访谈提纲需要根据研究进程和受访者的特点不断调整，以尽可能从不同角度和不同受访者那里收集到有助于回答研究问题的信息。比如，研究一所学校时，对学校的领导、教师、学生和学生家长等群体的提问结果肯定不同。在研究的早期，访谈提纲的问题可能更加开放，提问范围更广，而到了研究中后期，访谈提纲的问题则需要更加聚焦和更有针对性。最后，访谈提纲是在访谈之前基于猜测和预想而设计的，其作用是提醒我们注意有待获取的关键信息，但在真实的访谈中它只是一种辅助的工具，我们不必拘泥于提纲中规定的顺序和内容，而需要保持一定的开放性，根据当时的情境适当地变通和调整。

访谈开始之前，研究者通常需要再次向受访者介绍自己的研究，并且说明自愿、保密、受访者可以随时退出等原则，使受访者感到安全。如果要对访谈录音或录像，也需要征得受访者的同意。在访谈过程中，研究者有多重任务需要完成，包括提问、追问、倾听、回应和记录。不同于日常交谈中你一言我一语的互动，访谈一般以受访者谈话为主，而研究者以倾听和提问为主。上述关于访谈提纲设计的原则也同样适用于实际访谈中的提问，需要注意的是研究者还需要根据现实情况适时追问，而追问的时机和程度是需要研究者合理把控的（陈向明，2000：190）。例如，当研究者未能充分理解某些细节时，可以立即追问，但如果问题比较敏感，则应当等到双方建立更深入的信任之后再委婉地询问；访谈之初最好不要频繁打断和追问，如果遇到需要追问的问题，可以先记录下来，到访谈后期再提，以确保访谈的顺利推进。此外，正如上一节提到研究者需要善于倾听一样，在访谈中尤其需要注意这一点。陈向明指出理想的状态是研究者积极关注受访者的谈话（"积极关注的听"），暂时悬置自己的判断，抓住受访者所使用的言语并努力理解其背后的含义（"接受的听”），接纳和理解对方的情绪表露并投入自己的感情以达到共情、真正理解受访者的内心世界（"有感情的听"）的状态，还可以在访谈中与受访者展开平等的讨论，与对方共同"建构"对现实的认识（"建构的听"）（陈向明，2000：195-198）。在"倾听"的过程中，研究者也应当有适当的回应，可以是微笑、疑惑、同情等表情或者点头等肢体动作，也可以是语言回应，如重复、总结、确认、自我暴露等，这与日常交谈有一定类似之处，主要作用在于鼓励受访者继续说下去。最后，访谈过程中研究者可能还需要视情况做一些记录，如需要追问的问题、有意思的本土概念、受访者的沉默或异常的表情和动作等，这些记录有助于访谈和之后资料分析的深入。

焦点小组访谈是指一到两个研究者同时对一群人进行访谈，通过群体成员之间的互动对研究的问题进行探讨（陈向明，2000：211），其中"焦点"是指围绕一个核心议题，"小组访谈"实质上与"小组讨论"类似。这种特殊的小组讨论中，参与者人数一般为6—10人，他们的任务不是回答研究者的提问，而是围绕研究者拟定的主题发表个人看法并自由讨论；研究者的角色不再是提问者，而是小组讨论的主持人或协调者，其职责主要在于抛出谈话主题、鼓励每一位小组成员发言和互相对话，更多时候是静观参与者们的互动。焦点小组访谈能够在较短的时间内获得多样化的视角和信息，在研究的不同阶段可以分别起到聚焦研究问题、辅助拟定计划、验证阶段性发现等方面的作用。安排这种形式的访谈对研究者提出了以下要求：一是尽量淡化自身的存在，鼓励参与者之间的互动，通过这种方式来激发不同个体的多样化观点；二是确保每一位小组成员都能充分发表自己的观点，避免从众心理和"同伴压力"压抑了部分成员的表达，实现这一点的方式包括让组员面对面环绕一圈入座、对发言较少者进行鼓励、请成员们在开始之前写下自己的观点等。

二、观察

观察是质性研究中另一种常用的资料收集方法，它不同于日常生活中普通的"看"，前者是一种有目的、有计划地运用自己的视觉以能动地感知社会或自然现象的行为，后者则通常是无目的、无计划、自动自发地收集视觉信息的活动。社会科学研究中的观察通常可以分为非参与性观察和参与性观察。前一种情况下，研究者是一个纯粹的旁观者，不参与观察对象的活动；后一种情况下，研究者会加入观察对象的活动，在切身体验中且闻目睹自己所要观察和研究的现象。使用非参与性观察法的例子包括前几章提到的克拉克（2003，2008）对创业型大学的研究、林小英等人（2019）对县域中学的研究等，他们参观和现场考察了案例大学和案例中学的情况，但并没有亲自参与大学的创业转型和县域中学的改革。与之不同，《街角社会：一个意大利人贫民区的社会结构》的作者怀特和《校长办公室的那个人：一项民族志研究》的作者沃尔科特则使用了参与性观察法来进行研究，怀特加入了其研究对象"科纳维尔"青年的活动，沃尔科特虽然并未扮演校长的角色，却几乎成为艾德校长的"影子"，比较深入地接触了校长的工作。

在非参与性观察中，研究者以局外人的视角来观察事件的发展，通常能够比较专注和相对客观地开展观察研究。不过，这种观察可能会带来"研究效应"，即当观察对象得知自己正在被观察和研究时会改变其通常的行为模式，使观察"失真"，著名的"霍桑实验"① 就反映了这一问题。此外，由于观察者不亲自参与观察对象的活动，因此可能无法完全理解被观察者的许多行为的用意，而只能进行推测。相反，在参与性观察中，研究者对被研究者的活动、意图和想法通常能形成比较深入的理解，但其面临的挑战主要是研究者可能需要较长的时间才能被接纳进入被研究者的活动中，而且研究者需要妥善处理多重角色（研究者、活动参与者等）的要求和冲突。不过，总体而言，观察法有助于研究者获得对事件所发生情境的了解，不仅可以对访谈或其他方法的运用起到补充和辅助作用，而且在有条件时，也可以成为研究一些问题的主要方法。

那么如何进行观察呢？在正式开始观察之前，我们需要拟订一个观察计划，一般需涵盖观察问题、时间、地点、方式、效度和伦理道德问题等（陈向明，2000：237）。其中，观察问题与访谈问题一样，是为观察任务而设计的、有待通过观察活动来回答

---

① 霍桑实验是 20 世纪 20—30 年代时，美国心理学家乔治·梅奥（George E. Mayo）在一家名叫霍桑的工厂里开展的实验研究。研究原本探讨的是工作条件的改善（如薪酬、照明条件、工间休息等）对工人生产效率的影响，但实验发现无论条件是否改善，工人的效率都有所上升，其原因在于研究人员的观察活动改变了工人的行为。

的问题，往往十分具体，在一定程度上约等于观察内容。比如，之前提到的《热浪：芝加哥灾难的社会剖析》一书，作者克里纳伯格在对北朗代尔和南朗代尔两个案例社区的对比研究中便采用了观察法。这个双案例研究的研究问题是：为何在一街之隔的两个社区，老年人的死亡率会有天壤之别？为了回答这一研究问题，他的观察问题则具体得多：两个社区的地理位置有何特点？街区构造和周边环境如何？街道上有多少商铺，都是什么类型的？街上的人流量大小如何？老年人的数量是多少？邻里关系如何？等等。为了确保观察时更有效地收集信息，我们可以以观察提纲的形式来细化观察问题。一般而言，观察提纲需要从时间、地点、人物、事件、原因等几个方面列举出希望通过观察收集的信息。这种根据不同主题类别列举观察问题的方式能够为观察活动提供更系统化的指导，使我们在现场观察中对相关信息更加敏感。在确定观察问题和内容后，我们还需要根据案例研究的情况拟订时间、地点和观察方式，例如，在什么时间观察、每次观察多久、观察几次，在什么位置观察、距离观察对象多远，采用参与性观察还是非参与性观察，是否摄像或拍照，是否及如何进行现场记录，等等，并且对自己的选择做出原因说明。此外，还需要提前预估可能对观察的效度和准确性产生威胁的因素，以及观察中可能出现的伦理道德问题，并且设想相应的解决方案。对这些因素的考量是确保现场观察有条不紊进行的关键。

在实地观察活动中，一般需遵循从宽广到聚焦的顺序，即首先对需要观察的现场进行整体性、全方位的扫描，从而获得对情境的大致印象，在此基础上，再逐渐聚焦到观察计划中所列举的核心问题。在整个观察活动中，有条件的话，应该进行尽可能详细的记录，因为我们的记忆往往短暂而有限，仅凭事后回忆很容易出现遗漏或信息的扭曲。此外，及时记录往往还能使我们在观察时更加敏锐地捕捉关键信息。观察记录中，空间和时间信息往往是最基础的记录线索，勾画一幅粗略的现场平面图、按照时间先后顺序记录事件的发展，都是现场记录中常用的策略。在记录中需要注意区分事实笔记和个人思考，尽管二者都是重要的观察记录资料，但其功能不同。事实笔记应该像对现场拍照一样，需尽可能清晰、细致、写实地记录现场的情况，从而为事后分析提供准确的记录，因此语言应当尽可能具体、准确、实在，避免抽象、模糊或文学化的语言。而在观察中或观察结束后从我们头脑中涌现的想法，包括我们的直觉、推测、判断、印象和感觉等，应当归类到个人思考部分，其作用是为资料分析提供参考。在笔记本上最好为两部分内容分别划分空间来做记录，以免混淆。

三、实物

实物在人类学研究中是比较常用的一种资料来源，近年来逐渐推广到其他类型的质性研究中。有学者也将实物资料称为"文件""人造物"等，同时，学者们对这一资料来源的内涵和外延也有不同的理解。例如，陈向明将实物定义为"所有与研究问题有关的文字、图片、音像、物品等，可以是人工制作的东西，也可以是经过人加工过的自然物"，她主要将实物分为正式官方类和非正式个人类，证件、官方统计资料、报纸杂志、历史文献等由政府部门或者组织机构发布或所属的文件属于官方类实物资料，而日记、个人信件、自传等个人制造或所属的物品则属于非正式个人类实物资料。（陈向明，2000：257-264）。与之不同，麦瑞尔姆采用"文件"来指称这一资料来源，并将其定义为"与即将进行的研究相关的一系列书面的、视觉的和物理的材料"，其范围则包括"不是经过访谈和观察所收集的所有形式的数据"。麦瑞尔姆将文件分为公共文件、个人文件、物理性材料和研究者所生成的文件，前两者与陈向明的分类类似，物理性材料则主要是物品和人类活动带来的物理变化痕迹，而研究者所生成的文件是指研究者拍照、调查所得的数据以及要求参与者为研究所准备的资料（麦瑞尔姆，2008：79 84）。与前两位学者对实物/文件的宽泛界定不同，殷（2017）仅仅把物品类的人工制品视为实物，而把文件、档案作为单独一类资料来源。

　　本书更加认同前两位学者的定义，将实物界定为所有与研究问题相关的人造物或经过人类改造的自然物。依据实物的形态，可以将其分为书面的、视觉的和物理的；依据其来源，可以分为组织机构的和个人的；依据其公开程度，可以分为公开的和非公开的。表5.1根据来源和形态对实物进行了分类举例。

表 5.1　实物的来源和形态分类

		根据来源分类	
		组织机构	个人
根据形态分类	书面资料	·机构的内部文件（组织规章制度、发展规划、会议记录、合同等） ·机构的外部/公开文件（年报、公开信，公开数据，政府颁布的法律法规，等等） ·报纸杂志 ·档案记录	·日记、信件、自传 ·电子邮件、个人博客/微博/朋友圈等
根据形态分类	视觉资料	·图片和视频展览、新闻等 ·电视节目、电影等	·个人收藏的照片、图片和视频等
	物理资料	·机构的内部装潢、设备、摆设及其物理痕迹等	·个人和家庭物品及其物理痕迹（如器皿、家具、摆件等及其使用痕迹）

　　在案例研究中，书面资料可能是最常用的实物资料，不仅可以辅助和验证访谈、观察等来源的资料，而且有时候是主要的资料来源。例如，在"某小学学生参加校外补习的情况"的研究中，学校提供的学生成绩记录就十分重要，为我们了解校外补习对学生学业成绩的影响提供了重要的信息。针对不同的研究问题，视觉资料和物理资料的价值也值得重视。

　　如果案例研究计划收集实物资料，就需要提前进行相关的设计和准备，例如，自己想要收集哪些物品，这些实物资料将如何回答研究问题，实物与其他资料有何关系，如何收集（网络/现场收集、购买/索要/拍照等），如何分析，等等。在收集和分析实物资料时，需要注意对实物的来源、制作者、制作和使用目的及情境保持敏感。尽管大多数实物资料先于和独立于我们的研究而存在，是非回应性的，不容易受"研究效应"的影响（不太可能因为研究者的出现而发生变化），但实物资料由于其人造物的性质，可能并未完整地反映真实情况。例如，报纸杂志的图文报道经过新闻机构的筛选和编辑，个人日记对事件的记录只反映了日记主人的视角，至于新闻和个人日记与现实情况的关系，则需要研究者结合其他来源的资料审慎判断。

四、其他资料来源

大部分学者都将案例研究方法视为质性研究的一种路径，因此他们所讨论的资料来源多为前三类质性资料，而不包括调查资料这种量化研究通常的资料来源或者研究文献这种非经验性数据。但在实际研究中，调查资料和研究文献也可以成为案例研究的重要资料来源，正如第二章中我们对案例研究与调查研究或文献研究相结合的趋势的讨论。

调查资料通常是通过在一定数量的人群中发放问卷来收集的量化数据，一般需要借助统计软件进行数据分析。使用调查法的第一步是问卷设计。高质量的问卷能够有效地收集关于人们的行为、态度和社会特征等方面的资料。在此基础上，第二步需要研究者谨慎地抽样，即选择问卷填答者，有代表性的抽样也是确保数据质量的关键。最后一步，研究者需要决定问卷填写的方式，如自填式或结构型/封闭型访谈式，前者是将问卷发放给被调查者填写后再回收问卷，后者则是由调查者依据问卷题目和选项逐一向被调查者提问，由调查者在问卷上做出相应的选择和记录。调查法所涉及的问卷设计和抽样等程序是一个复杂的系统工程，读者可以参阅本章的拓展阅读栏目所列举的相关参考书。

研究文献通常不被经验研究视为主要的资料来源，因为经验研究强调研究者自己去收集关于研究现象和问题的一手资料，而非直接采用已有研究文献对现象和问题的分析。不过在第二章提及的案例研究综合分析中，已有的案例研究成果成为其主要资料来源。当然，由于该方法对已有案例研究的数量要求较高，这一前提条件较难满足，因此实际使用较少，这里也不再赘述。

第二节　资料收集原则

对于研究工作来说，资料的质量高低和丰富程度决定了能在多大程度上回答研究问题。这一节探讨资料收集过程中的注意事项，留心和坚持这些原则，有助于确保资料的质量。

一、使用多种资料来源

第一个原则是使用多种资料来源。我们已经反复提及案例研究要求运用多种方式收集资料。一方面，这由案例研究本身的特点所决定。案例研究强调对案例形成比较全面的整体性认识，不论案例是一个人、一个组织机构还是一个事件，它都内含了无数的变量和数据点，要在整体上准确把握某个案例的特点，就必须多渠道收集信息。举例而言，案例研究使用多种资料来源就好比中医诊断疾病采用"望、闻、问、切"，中医通过观察、听和嗅、询问及把脉等多种方法来诊断病情，案例研究也需要借助访谈、观察、实物收集等多种方式来认识案例。同时，一个案例研究很可能包含多个子问题，既可能有"是什么"的问题，又可能有"为什么""怎么样"的问题，而回答不同子问题所需要的资料是不同的，这也在客观上提出了对多种资料来源的要求。

另一方面，多种来源的资料往往能够起到互为补充、相互印证的作用，由此提高结论的说服力和稳健性。这种不同来源资料相互检验和印证的技术在质性研究中叫作"三角验证"（triangulation），是提高研究效度的一种重要举措。比如，研究一所小学的教育质量，也许访谈学校的管理者和教师获得的信息都十分积极，但进校观察学校师生在课堂内外的表现、查看教案记录和成绩单等档案资料，也许就会得到不同的信息。如果从不同渠道收集的资料相互矛盾，则提示我们有必要进一步检验资料的真实性，收集更多的资料证据；而如果不同来源的资料从不同角度验证了一个事实，那么结论的可靠程度就更有保障。事实上，不仅质性研究中使用三角验证，考古学、考据学研究和法庭审判等许多领域所讲究的"孤证不立"原则，其背后隐含的对多种证据来源的认识论要求也与三角验证的原理类似。

不过，在一项研究中使用多种资料来源并不容易，因为一个人要掌握甚至精通多种资料收集方法的难度较大，大多数人可能擅长一种方法而对其他方法只是略知一二。这种情况下，贯彻这条原则的办法就是寻找在方法和技能上互补的合作者一起开展研究。事实上，即使是多人共同参与同一种资料的收集，在一定程度上也能提高资料的效度。因为不同研究者面对同一资料可能会有不同的视角和理解，这便有助于更加全面地认识一个现象，避免了由研究者个人的局限所导致的资料遗漏和认识偏颇。

总之，无论是出于案例研究本身的特点，还是按照质性研究三角验证的要求，我们在资料收集中都应该坚持使用多种来源的资料。在研究实践中，通过多种方法收集资料、组建团队共同研究都有助于贯彻这一原则。

二、资料收集、整理和分析并行

第二个原则是将资料收集、整理和分析同步推进。这条原则在几乎所有质性研究中都适用，案例研究也不例外，其缘由主要有以下几个方面。首先，我们通过访谈、观察等方法所收集的资料往往以谈话录音、实地笔记或照片的形式存在，这些形态的原始资料可能不够全面，也可能不便于保存或进一步编码分析，比如，录音开始前和结束后可能有一些重要的谈话未被记录，观察时的笔记可能比较简略粗糙，等等。因此，我们离开研究现场后需要趁着印象深刻立即着手整理和补充资料，如录音转录、笔记补全、对照片进行文字描述等，避免遗忘带来的资料遗漏。其次，运用质性方法收集的研究资料通常规模庞大，比如，一小时的谈话录音文稿可能有好几千字甚至上万字，如果不在收集资料时就做好分类整理和初步分析的工作，那么等累积到一定程度时，研究者往往会面对大量资料而无从下手。最后，对已收集资料的整理和初步分析有助于为下一步的资料收集工作提供方向和指导。通过资料分析，我们才可能注意到已有的资料中有哪些需要用其他资料来检验，有哪些问题还有待用更多的资料来回应，有哪些资料已经达到饱和，等等。如果只是一味收集资料，那么很有可能在离开研究现场后才发现某些部分的资料重复性高，而某些部分的资料又有所缺失。

每次资料收集工作之后，需要尽早整理资料和进行初步分析。整理工作包括录音转录、实地笔记补全以及资料的命名归档。我们可以借助一些语音识别软件来完成录音转录的初稿，这能够省去很多时间。初步分析工作则主要是指概括资料所涵盖的主题、反思本次资料收集工作得到哪些资料、还需要收集哪些资料。具体而言，我们可以直接在访谈转录稿和观察笔记上划分出小节并对各小节进行命名，从而概括出整篇文档所涉及的主题。对小节命名时，可以参考研究问题、研究设计以及访谈和观察提纲中涉及的主题和概念。此外，马修·迈尔斯（Matthew B. Miles）和迈克·休伯曼（A. Michael Huberman）提供的分析工具"接触摘要单"和"文件摘要单"（其示例见图 5.1 和图 5.2）对于初步的资料分析很有帮助。这两种摘要单分别是接触活动（如访谈和观察）和实物资料的分析记录工具，其内容主要是此次接触活动或实物收集中所呈现的主要内容和有待进一步研究的问题。填写这类摘要单要求研究者有意识地总结和反思本次的资料收集工作，从而获得对现有资料的整体性和反思性认识。它既可以指导研究者的下一次资料收集工作，又能够在之后对资料的深入分析中起到索引和提示的作用。这类摘要单需要与原始资料一起整理归档，在此后的分析中，研究者通过摘要单便能快速回忆起原始资料的内容。因此，即使资料收集工作安排得非常密集、时间非常有限，研究者也应该在每一个资料收集活动后花20分钟撰写简要的摘要单，这对研究者的下一步工作会很有帮助。

接触摘要单

接触类型：（会面/电话访谈/观察）　　　　　　地点：

接触日期：　　　　　　　　　　　　　　　　填表日期：

1. 此次接触让你印象最深的主要议题或主题是什么？

2. 就每一个研究问题来看，简述此次接触你得到（或未得到）的资料。

3. 此次接触中有什么震动你的东西吗？有哪些突出的、有趣的、示例性的或重要的东西？

4. 下次拜访此处时，你应该考虑哪些新（或旧）的问题？

图 5.1　接触摘要单示例（改编自 Miles et al.，2008：75）

文件摘要单

文件编号和文件名：   地点：

获得日期：   填表日期：

1. 此文件与何事件或何接触有关？

2. 文件的显著性或重要性。

3. 内容简单摘要：

图 5.2　文件摘要单示例（改编自 Miles et al.，2008：78）

　　此外，研究者还应该用一个单独的文档来撰写"分析备忘录"，将研究过程中的所思所想都记录在备忘录中，包括对研究资料、理论概念和方法等各方面的反思。备忘录的作用是记录下对该研究所有的思想火花，不断深化对这一研究主题的思考。它是研究者记录以供自己阅读的，因此不必在意语言和格式，只需为每次的记录起一个小标题并记录下日期即可。在整个研究过程中，都应该坚持写备忘录，每当有想法时就立刻写下来，比如完成一个访谈时、整理研究资料时、阅读相关著作和文献时都是思想十分活跃的时候，千万不要偷懒懈怠。这种"自由写作"和分散写作的压力较小，但其内容在深入的资料分析和研究报告撰写时常常会提供意想不到的帮助，有些甚至可以直接纳入报告当中。

总之，在案例研究的资料收集过程中，及时进行资料整理和初步分析十分重要，在研究中能起到事半功倍的效果。

三、评估资料的质量

资料收集中的第三个原则是有意识地评估资料的质量，这具体可分为三个方面：一是评估研究者自身因素对资料质量的影响；二是注意资料本身的立场；三是判断资料的真实性。

首先，我们已经提到，在访谈和观察中容易发生"研究效应"，即由于研究者的出现而对研究对象产生干预，例如，被访谈者和被观察者可能出于社会赞许的需要而做出违背自己意愿的表达和行为。在各种资料收集活动中，还可能出现研究者无意识甚至有意识地选取支持自己观点的材料，而忽视相反的资料。这些都反映了研究者的自身因素可能在不同程度上影响研究资料的质量，因此，研究者应该对此保持警惕和诚实。其次，一些资料本身可能带有资料制作者或提供者的倾向性，例如，访谈和日记等"自我报告"的资料中，被研究者可能会有意或无意地美化自己。再如，新闻报道的内容会经过记者和主编等"信息把关者"的编辑，不同的媒体对同一事件的报道往往会侧重不同的方面，凸显不同群体的利益关切。此外，社会科学的论著大多有一定的立场，代表一定的人群说话。因此，研究者在收集资料时有必要对资料本身的立场和倾向性保持敏感，并慎重地判断资料的价值立场对资料质量和研究有何影响。最后，研究者还需要注意资料本身的真实性和准确性。如今，来自网络的资料十分丰富，但由于网络信息的易发布、易传播、易更改以及匿名性等特性，其中信息的夸张和失真十分常见。此外，对信息的准确性也应该留意，即使是官方统计数据也难免出现纰漏和错误，其他途径获得的信息更是如此。因此，研究者还需通过三角验证的方式来核实有疑问的资料。

总之，资料的质量在很大程度上影响研究发现和结论的质量，因此在资料收集的过程中，研究者需要有意识地评估自身、研究对象以及其他信息发布者和传播者对资料的价值立场、真实性和准确性等的影响。

第三节　资料分析

上一节已经提到，案例研究在资料收集的同时就应该展开初步的分析，以避免资料过多累积，并及时为后续资料收集提供指导。本节讨论如何对资料进行深入分析以回答研究问题、得出研究结论。需要做好心理准备的是，资料分析所需的时间远远多于资料收集的时间，难度也较大，但正是通过这个"烧脑"过程，我们才能逐渐形成研究发现和结论。

总的来说，案例研究的资料分析遵循"分—总"的原则，先分析较小的单位，在此基础上综合分析较大的单位。例如在嵌入性案例中，需先分析嵌入性单位，然后综合各次级单位的情况来分析整个案例。对多案例研究来说，需先对每个个案进行案例分析，以获得对每一个具体案例及其内部机制的整体性认识，然后进行跨案例分析，以寻求更普遍的模式和规律。案例分析的基础性工作是编码，之后是对个案的描述和解释，最后是跨案例分析。

一、编码

案例内分析的第一步工作是编码，这也是所有质性研究的资料分析中最基本的工作。简单来说，编码就是给有意义的资料片段"贴标签"（或者说"赋予代码"）的过程。由于质性研究的资料规模庞大，一个案例研究的原始资料可能有上百页，为了抓住资料中有意义的信息并随时检索取用，我们只能先逐句阅读原始资料，提取其中与研究主题相关的片段并将其浓缩为更简洁的字、词或句，即标签或代码。"有意义的资料片段"是指有助于理解研究问题的片段，因此对于不同的研究问题来说，同样一份资料中有意义的、值得编码的片段可能并不相同。同理，这些有待编码的片段可长可短，既可以是一个词语或句子，也可以是一个或几个段落，比如，上一节提到对资料的初步分析，即为原始资料划分小节并概括主题，就是一种粗线条的编码。当时间有限、资料过多或研究问题比较宏观时，编码对象可以是更大段的资料；反之，编码则应该更细致一些，比如以原始资料中的句子甚至是词语为单位编码。

对资料的编码有两种路径，即预建式编码和归纳式编码（Miles et al.，2008：83-87）。预建式编码是指在分析资料之前，先根据研究问题、研究假设、已有文献和概念框架中的概念及其相互关系来草拟一份预建清单，在分析资料时，从预建清单中找出合适的初始代码"贴在"相应的资料片段上。当然，原始资料通常不会完全贴合代码，因此，在分析过程中一定需要根据资料来调整、新增或删除代码。初始代码通常已经具有一定的结构和理论意涵，因此这种编码方式的优点是能够借助已有的概念和理论来预先"织网"，用这张代码网来"捕捉"大量原始资料中有价值的信息并将其放到预先设定的位置，避免研究者"手无寸铁"地面对大量资料而无从下手，因而预建式编码尤其适合新手研究者。

归纳式编码则是一种"扎根"于原始资料的方式，研究者直接阅读原始资料并为其贴上代码，对全篇编码后归纳出更上位和抽象的代码，最后从中归纳出资料的核心或主旨代码。这种方式在质性研究中被称为"扎根理论"（科宾 等，2015），它要求研究者对资料保持开放，对情境保持敏感，发现资料中经常出现的、有解释力度的或者饱含情绪的东西。归纳式编码是从庞杂的原始资料中逐渐提炼出一个有结构的概念体系，对研究者的分析、综合、抽象、概括能力等都有较高的要求，更适合有经验的研究者使用。

　　不过，无论是哪一种方式，编码实际上都是在资料和理论概念之间来回互动，都需要研究者根据资料不断调整代码以及代码之间的结构关系。因此，研究者也可以将两种方式结合使用，自行决定是更加倚重预先设计的概念框架或编码系统，还是更加倚重对原始资料的扎根归纳。编码过程中要注意清楚地注明代码的操作性定义，以使研究者自己及其同事在对不同资料编码时能够一以贯之。同时，做编码分析时也要坚持撰写分析备忘录，及时记录自己在研究内容、理论概念、研究方法等各方面的灵感和想法。

　　编码工作在每一份资料收集后的整理和初步分析时就应当开始，一直持续到研究者抓住资料的主旨和理论。为资料贴上的代码可以有不同的性质，既可以是具体的、描述性的，也可以是抽象的、概括的、解释或推论性的。资料分析早期的编码通常是具体的、描述性的，随着分析的深入和描述性代码的累积，我们会发现众多的代码之间出现分化和集群，即有一些代码可以用更抽象的概念来统合，通过对较低层次代码的归类和抽象可以得到更加概括和解释性的代码，最终可能会得到一个或者数个最为核心的代码，它们应当能够反映整份资料的主旨，此时编码工作便可以暂时告一段落。

　　总之，编码能实现对原始资料的聚类和结构化，便于储存和快速检索有意义的资料片段。编码分析之后，代码而非原始资料就成为更深入分析的基本单位，我们通过对代码的揣摩、思考、排列和组合而获得对案例的描述性和解释性理解。

二、案例描述和解释

(一) 描述与解释的互动关系

编码实现了对资料的压缩和聚类，有助于我们抓住案例的核心特征，获得对案例的整体性认识。对整个案例的资料进行编码后，我们便可以展开案例描述和解释工作，其成果表现是为每个个案所撰写的暂时性的个案报告。探索性案例研究或描述性案例研究中，个案报告应当简明清晰地呈现案例故事；而在解释性案例研究中，个案报告还需要在描述案例故事之外讨论其间潜藏的因果关系。

案例描述主要是对"是什么""怎么样"一类问题的回答，它强调用生动的语言来呈现一个有情节、有故事的案例。案例解释则需要回答"为什么"的问题，强调用理论化、概念化和分析性的语言来解释案例现象或事件的因果机制。案例描述相对容易，但人类对因果关系的解释常常会有偏差。一方面，社会生活本身具有"胶着性"、无秩序性、复杂性和非线性的特点，人类的认识和解释是将混沌的世界清晰化、条理化的过程，但必然也是对现实的一种简化，因而解释很可能是不完整的。另一方面，我们总是会"看见我们想看见的东西"，人类大脑的一种本能是建构事件的情节并赋予其一定的顺序，从而使事件产生意义，而这一过程可能是无意识的、自动化的、强加给事件一个因果关系的过程（Miles et al., 2008：196-199）。因此，我们对社会现象做出因果关系的解释时必须十分谨慎。迈尔斯等人（Miles et al.,

2008：202）对质性研究因果分析要点的概括很有启发意义：要探寻并确定事件的先后时序及其稳定性，即"A 先于 B"且"当 A 出现时，B 总是出现"；要将事件放置于其所在的情境网络，关注事件和过程的复杂系统；在此基础上辨识因果机制，探寻 A 与 B 之间的关联究竟通过什么途径和方式产生。

由上述讨论可知，尽管案例描述和案例解释所要求的语言有所不同（案例描述所使用的语言更具体和本土化，案例解释的语言则更抽象和概括化），但二者并非泾渭分明。事实上，解释活动"乃是做一种连结性的描述，把一件事实或准则放入与其他事实或准则的关系之中"，从而使之可以被理解（Miles et al., 2008：196）。描述中往往蕴含着解释的方向和要素，解释也无法脱离描述而单独存在，两者都需要提取情境系统内的关键要素。因此，案例描述和解释所依赖的方法或路径是一致的，一是聚焦于概念和类别的类属分析，二是着墨于过程和情节的情境分析（陈向明，2000：289-302），这两种分析方法都有助于我们提取描述和解释所需的基本素材。

（二）描述与解释的主要路径：类属分析与情境分析

"类属分析"（categorizing analysis）也被称为"词类分析"（paradigmatic analysis），是指"在资料中寻找反复出现的现象以及可以解释这些现象的重要概念的一个过程"（陈向明，2000：290），是一种变量取向的分析路径（variable-oriented approach）。类属分析注重对现象和事物进行分类讨论，马克斯·韦伯（Max Weber）所说的"理想类型"可以说是类属分析的最高境界。现实往往由众多人物、事件和要素混杂在一起，任何特定的案例也是如此。因而，有条理地描述和解释案例的一个方法便是先对构成案例的诸要素进行分类，并寻找各要素内部的分类，然后分析各要素及其类别之间的联系与互动。比如，构成一个案例的要素包括人物、事件、结果等，每个要素又可以进一步分类，如人物可以根据他们在这一案例中的角色划分出不同的类型（领导者、管理者、执行者等），事件亦可以根据其特点做出不同类型的划分（常规的或偶发的事件），结果也可以依据不同的性质做出分类（积极的或消极的结果）。类属分析可以抓住构成案例的不同类别要素及其相互关系，这是案例描述和解释所需要的一条关键路径。

"情境分析"（contextualizing analysis）也被称为"语段分析"（syntagmatic analysis），是指"将资料放置于研究现象所处的自然情境之中，按照故事发生的时序对有关事件和人物进行描述性的分析"（陈向明，2000：292），是一种过程取向的分析路径（process-oriented approach）。它是回答过程性研究问题的有力工具，当案例资料包含时段和过程信息时，就应当借助情境分析的路径。即便案例研究本身并非意在分析过程，只聚焦于当下，但很多时候为了说明现状何以如此，也需要追溯事件的来龙去脉。因此，情境分析的对象可大可小，既可以是对整个案例过程的分析，也可以是对其中一个部分和片段的描述。进行情境分析的关键是以时间为线索，对事件发生的各阶段（如背景、起始、展开、收尾、结束等）做出划分和标记，然后结合案例内事件发生的情境以及案例本身所处的外部情境系统，提炼出促成事件起承转合的动力因素。情境分析可以抓住事件的发生发展阶段及其促发机制，是案例描述和解释的另一条关键路径。殷在其书中提到的时序分析和逻辑模型的分析技巧也是对情境分析的具体运用，前者强调标记出事件发生过程中的关键节点，关注事件发生的顺序、频率、间隔和稳定性，进而寻找因果关系模式；后者则强调一步一步厘清复杂事件中环环相扣的因果链条（殷，2017：177-190）。二者都关注案例内外的情境因素，强调将案例"事件化"，寻找事件的发生、高潮、转折以至终结的生命周期（渠敬东，2019）。

　　举例而言，设想我们对一所创业型大学进行案例研究，研究问题是：这所大学的改革现状与效果如何？改革是如何发生和展开的？为何到达如今的效果？前两个研究问题更偏描述，第三个问题则需要做出因果性的解释，我们可以分别借助类属分析和情境分析的思路来寻找答案。关于改革的举措和效果，可以通过类属分析，从教学、科研、社会服务、行政管理、经费来源等几个方面来分析其改革举措，从对学生、教师、学校管理者和社区等不同群体的影响来讨论改革的效果。关于改革的发生发展过程，可以通过情境分析回答：改革之前案例大学所处的社会、经济、文化环境发生了什么变化，案例大学在校内外是否经历了一定的挑战或困境，是否有领导班子换届，哪些因素的出现触发了案例大学的改革；改革的起始标志是什么，校内外对此有何反应，改革举措的出台、实施和发展进程如何；改革取得了哪些阶段性成果，新举措是趋于常态化还是逐渐消失，什么事件标志着改革的收尾……。对这一系列问题的探索，也能帮助我们找到第三个问题的答案。

类属分析和情境分析的侧重点不同：前者注重对资料进行去情境的归类，能有效地提取资料中与研究问题相关的各类主题；后者则更关注案例所处的背景和脉络，能有效提取纵向时序中的关键情节。二者相结合便能帮助我们发现各类主题随时间和情境的变化，从而抓住案例的经纬，并在一个随时间而改变的系统中解释事件的原因与结果，而不仅仅是把因果关系简化为几个变量之间的"撞球"关系（Miles et al., 2008）。

因此，在撰写个案报告时最好将类属分析与情境分析的结果相结合。既可以以类属分析为主线，在重要的主题下穿插一些对故事片段的情境分析，从而更好地描述和解释主题；也可以以情境分析为主线，同时将故事中的关键要素分类，使故事展开遵循一定的主题层次；还可以先后交替使用两种分析，如先报告资料的类属，然后将类属坐落在情境中分析其因果关联，或者先对资料进行整体的情境分析，然后对其中的关键概念或类属进行总结性的分析。（陈向明，2000：297）例如，克拉克（2003）在其专著《建立创业型大学：组织上转型的途径》中为五所案例大学分别撰写的案例报告，便是以情境分析为大框架，叙述了案例大学经历的困境、改革以及腾飞，同时在改革部分以类属分析的方式，从强有力的驾驭核心、拓宽的发展外围、多元化的资助基地、激活的学术心脏地带以及整合的创业文化等五个主题描述了案例大学的具体改革举措，由此向我们解释了案例大学为何要改革、如何改革、改革何以成功。

（三）描述与解释的辅助工具：图表

类属分析和情境分析是案例描述和解释的主要思路，能帮助我们从庞杂的资料中抓住案例的经纬。需要说明的是，对资料的类属分析和情境分析并非基于原始资料，而是对编码后的资料的分析，因此代码及其所聚集的有意义的资料片段是构成案例描述与解释的"砖块"。不过，即使我们面对的是代码清单而非原始资料，想要从一堆代码中提取重要的类属或情境也并非易事。每一个代码都有丰富的内涵，不同代码之间又有千丝万缕的联系，如何展开案例的描述和解释显得颇为棘手。针对这种困难，一个解决之道是借助图表来将代码以及它们之间的关联可视化，通过对代码和资料的重组、排列和呈现，类属分析和情境分析就获得了更加实在的依凭。

概括起来，有两类最基本的图表能帮助我们展开分析，即矩阵表和网络图（示例见表 5.2 和图 5.3）。矩阵表通常是由 2 种或者 2 种以上的变量交叉组成的表格，它能帮助我们了解不同变量之间的互动，因而能促进类属分析的发展。网络图则是由许多线连结起来的"点"的组合，呈现出事件及其状态随时间的发展变化，直观地展示不同事件之间的前后关联，因而对情境分析很有帮助。迈尔斯等人（Miles et al., 2008）对于如何运用多样化的图表来推动质性资料分析提供了极为详细的指导，比如可以把

如何做案例研究

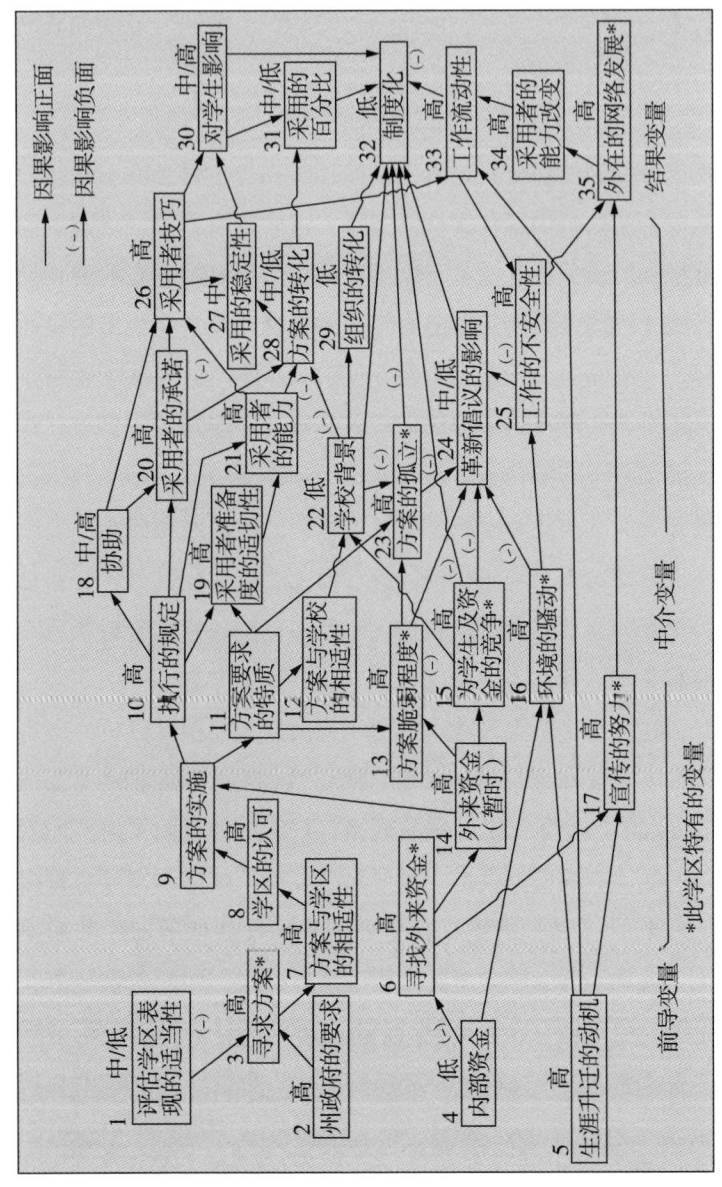

图5.3 因果网络示例（Miles et al., 2008: 211）

· 136 ·

时间阶段、关键角色或者主题概念等作为矩阵表的变量，从不同角度来分别概括案例资料，在此基础上再按照时间或事件发生的顺序绘制脉络图、事件-状态网络图及至因果网络图。感兴趣的读者可以参阅他们的著作。

表 5.2　矩阵表示例

报告人	动机	行动	态度	结果
甲				
乙				
丙				
丁				

三、跨案例分析

通过分析单个案例的类属和情境，并撰写个案报告，我们基本上已经厘清了每一个案例内部的复杂结构。在多案例研究中，此时便可以进入跨案例分析阶段。与单案例分析类似，跨案例分析的基本方式也是压缩、聚类和汇总资料，只不过此时是对多案例资料的汇总和比较。

在多案例研究中，有效地排列和汇总资料是进行跨案例分析的前提，因为多案例意味着资料规模翻倍，人脑对信息处理的有限性决定了我们难以从巨量的信息中得到精确的结论。此时，我们在案例内分析阶段所完成的编码清单、矩阵表与网络图便成为跨案例分析的重要工具，它们已经压缩和聚集了单个案例的资料，我们通过对这些清单和图表的排列和重组，便可以汇总多个案例的资料。矩阵表和网络图同样是跨案例分析中有效整理和展示资料的工具。以矩阵表为例，其分类的关键变量不仅可以是时间、角色或者主题概念，还可以是个案本身，例如以横排为个案，纵列为与研究问题相关的关键变量，便可以在一个表中呈现所有个案在关键变量上的特征。迈尔斯等人（Miles et al., 2008）提供了许多可以在跨案例研究中采用的图表类型，感兴趣的读者可以参阅。

对于探索性和描述性的多案例研究来说，通过资料的排列与汇总基本上就可以抓住不同案例在重要的主题和情节发展上的异同，由此得到描述的基础。而对于解释性的多案例研究来说，寻找跨案例的因果模式是研究的主要目的，此时，设计阶段所提出的理论假设和复制方案对资料分析的指导作用便凸显了出来。做研究设计时，我们对事件的原因或者结果已经有了一定的猜测或假设，并且基于假设中的关键要素而有意识地选择了几个条件相同和相异的案例。在跨案例分析时，就需要寻找和验证是否的确存在组内相似性和组间差异性。换言之，如果在逐项复制的相似案例中，组内的各案例获得类似的结果；而在差别复制的相异案例中，组间的各案例呈现出不同的结果，则表明理论假设的原因或结果变量是可信的。如果资料只是部分地证实了组内相似性和组间差异性，则表明研究假设不完全正确，还需要通过资料和假设之间的互动与对话来修正假设，确认真实的因果模式。

除了寻找组内相似性和组间差异性的分析思路以外，还有学者提出，可以"反其道而行之"，寻找相似案例之间的不同点以及相异案例之间的共同点，以更细致地分析跨案例的规律。此外，分别分析不同来源的数据，例如观察、访谈和调查数据，通过不同数据源之间的对比也可能发现跨案例的模式。（李平　等，2012：11；蔺亚琼，2016）

第四节　资料分析原则

一、借助理论假设

尽管案例研究的一个重要特征在于其归纳特性，强调从丰富的资料中生成解释性的理论，但这并不意味着我们不能借助已有的理论和概念。事实上，正如编码分析有预建式和归纳式两种路径，资料分析也有"先有理论取向"（theory first approach）和"后有理论取向"（theory after approach）两种途径（Wolcott，2008：70-78）。我们从本书一开始就指出，案例研究需要预先提出理论假设，以此来指导研究设计和实施。在资料分析阶段，理论假设的作用首先在于提醒我们聚焦到资料中那些与研究问题最为密切相关的信息上，因为质性资料中往往包含大量与研究问题的关系不甚密切但也十分有趣的信息，如果没有理论假设的指引，资料分析便很容易失去焦点。其次，如果研究假设中包含竞争性假设，那么它也能使我们注意到是否存在反面证据，提高资料分析和研究结论的效度。最后，由于理论假设还蕴含着重要的理论概念，这些理论概念对于编码工作，尤其是形成推论性和主旨性编码有重要的启发意义。因此，资料分析的第一个原则是有意识地借助理论假设的指导。在殷提供的所有五种资料分析技巧中，理论假设均占据重要的位置，其中"模式匹配"和"建构性解释"这两种分析技巧可以说是对理论假设的直接检验，前者是指将理论假设的因果模式与资料呈现的实际模式进行对比和匹配，后者则强调资料分析需要在理论假设和资料之间循环往复，用资料不断求证和修正原始假设，直至获得一种可靠的理论解释（殷，2017：169-176）。由此可见，理论假设在案例研究的资料分析中具有尤其重要的意义。

二、检验竞争性解释

资料分析的第二个原则是检验竞争性解释。这里的竞争性解释不是狭义上的对竞争性研究假设的检验，它还包含更广泛的意义，即不断地对研究过程中的暂时性发现和解释进行反思，以排除研究者的错误或有偏差的理解，由此最大限度地确保分析结论的质量。我们在前文中已经提到，由于社会生活本身的复杂性和人类认知的简化取向，我们对事物的认识和解释很容易出现偏差或谬误，比如，将若干个要素之间复杂的因果链条简化为两个变量之间直接的因果关联，或者将事情看得比实际情况更具有整体性和一致性（整体论的谬误），抑或高估了善于表达、消息灵通的人士所提供的信息，而低估了不善表达、地位较低者提供的信息（精英谬误），等等（Miles et al., 2008：365）。因此，在资料分析过程中，我们要不断地反思自问：我是否全面地考虑了所有证据？A 与 B 之间的因果关系真实吗？是否存在第三个变量同时影响着二者？边缘的案例或者极端的案例也支持目前的解释吗？除了对自己提问以外，邀请这项研究之外的同事提问或者请研究对象来检验研究发现，都能帮助我们发现现有解释中可能存在的不足。

三、分析与写作并行

如同本章第二节提到的，撰写分析备忘录从资料的初步分析阶段就要开始，并且要在整个分析过程中持续进行，资料的分析与写作相伴始终，或者说，"撰写本身就是分析"（Miles et al., 2008：425）。做资料分析时需要写作的地方很多，除了持续撰写分析备忘录以外，还包括编码时撰写代码清单及其操作性定义、绘制矩阵表和网络图并对图表撰写简要的说明、抓住个案的类属和情境之后撰写（暂时性）个案报告、跨案例分析中对资料做图表整合以及撰写说明等等。写作在质性研究中是不可放松、不可被替代的工作。我们对资料和研究问题的任何想法，如果不落实到纸面文字上，则只是脑海里的意识流，往往缺乏依据、疏漏百出、经不起检验，而且还散乱无章、漂浮不定。动笔撰写的过程迫使我们将意识流当中有价值的思想打捞出来，梳理为有逻辑、有依据的文字，从而也能为检验研究质量提供依据，为进一步完善现有的解释提供基础。同时，撰写的过程也刺激我们发现原本未进入意识领域的想法，因此写作虽然可能很艰苦，但也可能会出现文思泉涌、停不下笔的时刻。总之，写作能够推动资料分析的进程，因而资料分析的第三个原则是分析与写作同步推进，以写作来分析。

📖 结语

　　这一章我们讨论了案例研究中如何进行资料收集和资料分析。访谈、观察和实物等三种资料来源是大多数案例研究，尤其是教育领域的案例研究最常见的资料来源。而在管理学等领域中，调查资料和研究文献也是较为常见的资料来源。不论采用何种资料收集方法，都有一些共同的原则需要遵守，即使用多种资料来源并有意识地进行三角验证，同步推进资料收集、整理与分析工作，以及不断评估资料的质量。

　　案例研究的资料分析总体上遵循由小到大、由分析到综合的顺序，即先对每个案例进行案例内分析，并且撰写描述与解释相结合的暂时性个案报告，在此基础上再分析跨案例的模式。在具体的分析工作中，编码是最基础的工作，它能实现对原始资料的聚类和结构化，便于储存和快速检索有意义的资料片段。编码完成后，通过类属分析和情境分析相结合的方式，我们可以提取案例中的重要主题和情境，从而对个案故事及其所蕴含的内在机制做出描述和解释。此外，矩阵表和网络图也有助于我们将资料分析中的关键信息和概念可视化，辅助案例描述和解释的推进。在案例内分析的基础上，通过多案例资料的排列与汇总，寻找逐项复制的案例中的相似性以及差别复制的案例中的相异性，便能对跨案例的模式做出解释。资料分析时应当注意借助理论假设的指导，检验竞争性解释，并在写作中推动资料分析。

❓思考题

1. 回顾你曾经观看过的谈话类电视节目或阅读过的访谈性文稿，你认为提问者的访谈水平如何？有哪些优缺点？

2. 资料收集和资料分析分别有哪些原则？这些原则为什么重要？

3. 什么是类属分析和情境分析？回顾你喜欢的案例研究报告，指出其中哪些部分采用了类属分析，哪些部分采用了情境分析？

4. 结合本章内容，进一步细化和完善你的案例研究计划，尤其是其中关于资料收集和分析的部分。

5. 运用本章提到的资料收集和分析方法，着手实施试验性案例研究。注意在研究过程中反思和记录自己擅长什么、有什么地方还不熟练。

📖拓展阅读

1. 陈向明著《质的研究方法与社会科学研究》（教育科学出版社 2000 年版）第三部分和第四部分的第十八章、第十九章。书中的第三部分，作者对质性研究中常用的资料收集方法进行了十分翔实的说明，包括访谈、观察和实物收集；第四部分的第十八章探讨了质性资料分析的思维方式和编码方法，第十九章结合一个资料片段的实例，阐述了如何进行类属分析和情境分析。这几部分内容能够帮助读者进一步理解在案例研究中如何进行资料收集和分析。

2. 哈里特·朱克曼著《科学界的精英——美国的诺贝尔奖金获得者》（周叶谦、冯世则译，商务印书馆 1979 年版）附则一。作者在 20 世纪 60 年代访谈了当时美国所有 56 位诺贝尔奖金获得者当中的 41 位，对这些获奖者做出了精彩的社会学研究。该书的附则一详细地陈述了作者的访谈工作，为质性访谈提供了很好的示范。

3. 马修·B. 迈尔斯（Matthew B. Miles）和 A. 迈克·休伯曼（A. Michael Huberman）著《质性资料的分析：方法与实践》（张芬芬译，重庆大学出版社 2008 年版）。这本书强调借助图表的力量来推动质性资料的分析，系统化地探讨了如何用不同类型的图表来进行个案内和跨个案的资料描述与解释，并总结了 60 多种具体的分析技巧，为读者开展深入的资料分析提供了很细致的指导。

4. 罗伯特·K. 殷著《案例研究：设计与方法》（周海涛、史少杰译，重庆大学出版社 2017 年版）第五章。作者讨论了案例研究的 4 种分析策略和 5 种分析技术，从不同的角度阐释了案例研究的资料分析方式。

5. 风笑天著《社会学研究方法》（中国人民大学出版社 2001 年版）第七章。作者对调查研究的概念、问卷设计、调查资料收集等做了很详细的探讨。如果案例研究中试图收集调查数据，可以参考这一部分内容。

参考文献

陈向明，2000. 质的研究方法与社会科学研究 ［M］. 北京：教育科学出版社.

科宾, 施特劳斯, 2015. 质性研究的基础：形成扎根理论的程序和方法：第
3 版［M］. 朱光明, 译. 重庆：重庆大学出版社.

克拉克, 2003. 建立创业型大学：组织上转型的途径［M］. 王承绪, 译.
北京：人民教育出版社.

克拉克, 2008. 大学的持续变革：创业型大学新案例和新概念［M］. 王承
绪, 译. 北京：人民教育出版社.

李平, 曹仰锋, 2012. 案例研究方法：理论与范例：凯瑟琳·艾森哈特论文
集［M］. 北京：北京大学出版社.

林小英, 杨蕊辰, 范杰, 2019. 被抽空的县级中学：县域教育生态的困境与
突破［J］. 文化纵横（6）：100-108, 143.

蔺亚琼, 2016. 多个案比较法及其对高等教育研究的启示［J］. 高等教育
研究（11）：39-50.

麦瑞尔姆, 2008. 质化方法在教育研究中的应用：个案研究的扩展［M］.
于泽元, 译. 重庆：重庆大学出版社.

渠敬东, 2019. 迈向社会全体的个案研究［J］. 社会（1）：1-36.

殷, 2017. 案例研究：设计与方法［M］. 周海涛, 史少杰, 译. 重庆：重
庆大学出版社.

MILES M B, HUBERMAN A M, 2008. 质性资料的分析：方法与实践［M］.
张芬芬, 译. 重庆：重庆大学出版社.

STAKE R E, 1995. The art of case study research［M］. Thousand Oaks：
SAGE.

WOLCOTT H F, 2008. Writing up qualitative research［M］. 3rd ed. Thousand
Oaks：SAGE.

第六章

如何应用案例研究

本章提要

一方面，介绍如何撰写案例研究报告，包括格式体例、行文风格和案例分析的呈现方式，帮助读者在完成研究的基础上有效撰写报告、交流和发表；另一方面，讨论案例研究成果的可推广性，通过实例说明案例研究在社会学、政治学、教育学等领域的研究和应用，详细阐述案例研究如何用于项目评估，帮助读者把握案例研究及其成果的使用策略。

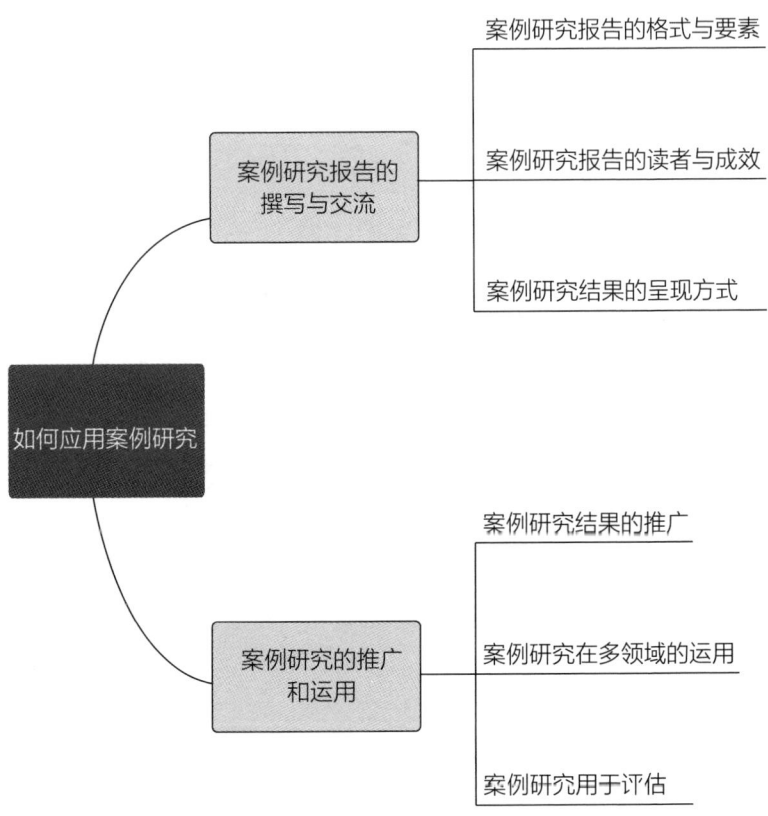

案例研究报告的格式与要素

案例研究报告的读者与成效

案例研究报告的
撰写与交流

案例研究结果的呈现方式

如何应用案例研究

案例研究结果的推广

案例研究的推广
和运用

案例研究在多领域的运用

案例研究用于评估

迄今为止，我们已经知道了什么是案例研究、为什么要做案例研究，以及如何具体开展案例研究。本章将延续这一思路，探讨在完成具体的资料收集和分析工作之后，如何呈现案例研究结果，并结合实例来说明不同领域中的案例研究成果及其运用。

第一节　案例研究报告的撰写与交流

研究并不仅仅是个人的消遣，我们还需要将研究成果与公众分享和交流，这是科学研究的内在要求，既能够检验研究成果的可靠性，又能够拓展研究成果的影响范围，充分发挥研究的社会价值。但是对许多人来说，研究报告的写作似乎不是易事，我们总能想到许多摆在眼前的困难，例如，不知道应该在研究报告中呈现哪些内容，不知道从何下笔，担忧自己写得不好，等等。通过阅读前面的章节，你可能已经发现，写作其实一直与案例研究相伴。从最初的研究设计文稿，到资料收集与初步分析时的备忘录，再到深入分析阶段的暂时性个案报告，等等，这些研究过程中的撰写工作不仅推动着案例研究的进展，也成了最终研究报告的重要素材。因此，如果在之前的研究准备和实施阶段便按照本书中的提示坚持进行记录和撰写的话，写作最终的案例研究报告便是一个自然而然的、不那么困难的工作。这也从一个侧面再次说明，研究过程中，尤其是资料收集和分析阶段，千万不能偷懒或者吝惜笔墨，一定要勤于撰写，以减轻最终报告写作阶段的困难和压力。

几乎所有关于质性研究方法的著作都建议，研究者应该在研究设计阶段就考虑和设计研究报告的主要内容，并尽早开始写作。沃尔科特将这种方式称为"早鸟写作"，他建议"任何时候下笔，都不会嫌太早。……这么说是否就代表我们有可能在还没投入田野进行任何观察或访谈之前，就写下第一版的论文草稿呢？一点也没错"（沃尔科特，2017：24-25）。对于这项建议，我们也十分认同。而及早撰写报告的前提是，我们需要对案例研究报告应该写成什么样做到心中有数。接下来我们就从案例研究报告的格式与要素、案例研究报告的读者与成效、研究结果的呈现方式等三个方面来探讨案例研究报告的撰写和交流中的注意事项。

一、案例研究报告的格式与要素

本书中的"案例研究报告"只是对案例研究成果的一个总称，根据交流或出版的形式，它可以分为专著、论文、会议报告或者项目结题报告等，不同形式的案例研究报告的格式体例通常有所不同。如果计划以专著的形式出版，我们可能需要首先与出版社和编辑取得联系，征求他们的意见，出版社可能会从市场的角度对报告内容和形式提出建议，这时候就需要研究者在自己的想法和出版社的建议之间取得一个平衡。如果计划以论文的形式投稿发表，最重要的则是先了解计划投稿刊物对文稿的要求，不同期刊对论文的研究选题、研究方法、字数、要件以及格式体例等有不同的偏好，这通常在期刊的"投稿指南"等栏目中都有详细说明。此外，这些期刊上已经发表的与你的研究主题和方法类似的论文也很有参考价值，而且应该成为你的论文所引用的参考文献。类似地，如果你打算在学术会议或者主题研讨会上展示研究报告，或者是向项目资助方提交结题报告，则需要根据会议主办方或者项目资助方的要求来决定报告的格式体例。

　　不过，不论以何种形式来呈现和交流，案例研究报告的基本组成部分都是类似的。陈向明概括了质性研究报告的六个基本组成部分，也同样适用于案例研究报告，即"（1）问题的提出，包括研究的现象和问题；（2）研究的目的和意义，包括个人的目的和公众的目的、理论意义和现实意义等；（3）背景知识，包括文献综述、研究者个人对研究问题的了解和看法、有关研究问题的社会文化背景等；（4）研究方法的选择和运用，包括抽样标准、进入现场以及与被研究者建立和保持关系的方式、收集资料和分析资料的方式、写作的方式等；（5）研究的结果，包括研究的最终结论、初步的理论假设等；（6）对研究结果的检验，讨论研究的效度、推广度和伦理道德问题等"（陈向明，2000：344）。这几个部分在不同类型的案例研究报告中的重要性和所占的篇幅应该有所不同，下文将进一步说明。

　　总之，案例研究报告的写作需要根据交流和发表形式的不同，灵活地呈现上述基本要素。

二、案例研究报告的读者与成效

　　在写作案例研究报告之前，需要明确两个问题：我的这项报告打算写给谁看？我希望对读者产生什么样的效果？明确我们的读者群体是有效写作的前提，读者会"'告诉'你论文应该包含的基本内容、该强调的重点，以及在传递基本事实与想法时，所需的抽象层级与复杂程度"（Schatzman et al., 1973：118；转引自 Miles et al., 2008：425）。大体上看，我们研究报告的读者可能包括如下几类：论文委员会、学界同行、项目资助者、实务工作者和社会大众。每一类读者对报告内容和风格的期待与要求都有所不同，因此明确我们的读者对象才能有针对性地写作。与此同时，考虑研究报告试图对读者产生什么样的效果，也能帮助我们确定报告的重点内容和行文风格。迈尔斯等人（Miles et al., 2008：426）总结了质性研究可能达到的四类成效（见表 6.1），可以为我们提供参考。

表 6.1 质性研究报告的成效类型及具体表现

成效类型	具体表现
科学的	强调洞视、阐明、加深理解 对某主题的现有信息有所增加 扩展或修改现有概念、理论、解释 使读者相信该报告提出的真相与价值观 提倡某种研究方法
艺术的	娱乐、休闲、引发感受 能产生共鸣的体会
道德的	厘清与深究道德的议题 解放、提升意识，将读者从他未曾理解到的压迫中解放出来

成效类型	具体表现
行动取向的	能做出更好的决定，提供行动的指引 能显示出研究发现与当地问题之间的关联 增进读者的能力或权力，增强其掌控感 推动某特定行动 支持读者未来能运用研究发现

　　对于撰写学位论文的研究生来说，论文委员会可能是首要的读者群体。只有当学位论文获得委员会教师的认可后，研究生才能通过答辩而获得学位。这类报告通常希望达到"科学的"成效。论文委员会对报告的关注点通常包括学生对研究方法和理论的掌握程度、研究的工作量和投入程度、研究结果和理论解释的有效性和创新性等。因此，研究报告的语言应当严谨而学术化，在内容上需要充分综述现有研究的实证发现和理论视角，详细陈述在资料收集和分析中所做的工作，并对研究结果及其理论内涵展开充分的讨论。

　　当我们以期刊论文或学术研讨会作为研究呈现和交流的形式时，可以预期最主要的读者是学术界的同领域研究者，此时我们期望达到的成效也是"科学的"。学界同行对报告的关注重点可能包括对最新研究进展的综述、研究的新发现，以及形成结论的逻辑过程等，研究报告就尤其需要注重说明这几个部分。报告的语言同样需要严谨且学术化。

　　当读者是项目资助者时，例如政府部门或企业，他们最关心的往往是现实中存在的主要问题以及改进建议。报告要达到的成效是"行动取向的"。因而，需要抓住案例中的主要矛盾和问题，指出问题的潜在原因，提供可能的解决建议。这类报告通常不需要在文献和理论上花费笔墨，语言也要简明清晰，避免使用抽象的学术概念。同时，这类读者往往更青睐清晰的图表，而非大段的文字。

如果研究成果主要面向实务工作者（如教师、博物馆工作者、组织决策者等）或者社会大众时，我们期望的成效可能会是"艺术的""道德的""行动取向的"，或者兼具几者。实务工作者和社会大众的主要阅读兴趣可能包括案例本身的丰富性和情境性，以及研究发现所带来的观念和行动上的启示。此时，研究报告的语言应当通俗易懂，内容上突出案例描述的故事性和可读性，并在结论中提出对现状的反思和改进建议。

以上罗列的是几类常见的读者群体和我们通常希望达到的效果。如果 个研究主题备受社会各界的关注，或者我们希望在更大的范围内推广研究成果、扩大研究的成效和影响范围，则可能需要针对不同的读者群体分别撰写不同的研究报告。联系前文所说的尽早写作的原则，我们在研究设计阶段就需要设想这项研究的读者群体有哪些、试图达到何种效果，以确定报告的内容重点和语言风格。

三、案例研究结果的呈现方式

无论我们希望以什么方式来分享和交流研究成果、预期的读者群体是谁，研究发现或研究结果一定是各类型研究报告的重点。那么，案例研究报告应当怎样来呈现研究发现呢？粗略地说，研究发现就是把类属分析和情境分析所得的结果呈现出来。因此，研究发现的写作方式与资料分析的方式具有内在的一致性，即类属型、情境型以及二者结合型等三种研究发现的呈现方式。

类属型的呈现方式又被称为"变量导向""分析性""文化客位的""变异理论"（Miles et al.，2008：429）。通过这些表述就可以知道，这种方式是采用分类的思路，以案例资料中呈现的各类重要主题来组织研究发现。如果资料分析主要采取类属分析的思路，则研究结果也可以采取类属型的呈现方式。这种方式的优点是符合人们对事物分类的习惯，能够层次分明地呈现主要议题，但其不足在于情境特征和一些无法归类的信息可能会被省略（陈向明，2000：345）。

情境型的呈现方式又被称为"个案导向""综合性""文化主位的""过程理论"（Miles et al.，2008：429）。这种方式着重呈现情境和过程信息，在事件展开的时序过程和逻辑关系中呈现研究发现，因此往往以完整的个案形式来报告研究结果，与情境分析的资料分析思路对应。其优点在于能够生动地还原个案所处的情境、个案随着时间而发生的变化以及其他情节特征，故事性较强，但可能会显得理论感和分析性较弱（陈向明，2000：345-346）。

当然，类属型和情境型相结合的结果呈现方式是我们更推荐的。这种结合能够用丰富的情境信息和故事情节来呈现研究结果的主题层次，实现两种方式的互补。正如迈尔斯等人所言，"说故事时，如果不借用变量，这段故事便无法充分告诉我们其中的意义与更广的重要性；如果探究变量，而未配合上故事，终究只是抽象的、欠缺说服力的"（Miles et al.，2008：430）。两种思路相结合的具体形式可以是"以分类为主、辅以个案举例说明"，也可以是"以叙事为主、辅以类属分析"（陈向明，2000：346）。当结合这两种方式来呈现研究报告时，二者究竟应该各占据多大比例似乎并无定论，有人认为类属/概念和情境/案例故事应该四六开，而另一些人认为应该反过来。但不论如何安排二者的比例，类属/概念所扮演的角色都是纲要、论点、"骨头"，而情境/案例故事则是内容、论据和"血肉"。学术性的案例研究报告大多以两种方式结合为主，区别只在于孰轻孰重、孰隐孰显。几乎没有报告只呈现概念而没有故事，也很少见只有故事而没有概念的报告，除非是以纪实文学等非学术作品的形式来呈现案例研究发现。

不论是在单案例研究还是在多案例研究的报告中，上述三种思路都同样适用，具体采取哪种呈现方式需要综合考虑研究问题、资料的特点以及报告所打算采取的行文风格。举例而言，在单案例研究报告中，费孝通（2001）的《江村经济：中国农民的生活》考察了当时开弦弓村的经济生活，其研究注重现状考察，而较少涉及变化发展，因此该报告主要采取的是类属型的呈现方式，按家庭、土地、生活方式、职业分化、劳作日程、农业、贸易等十几个主题分析了江村的经济和再生产活动。克里纳伯格（2014）的《热浪：芝加哥灾难的社会剖析》也是以类属型的呈现方式为主，从邻里社区、政府部门、新闻机构等不同方面来剖析芝加哥在极端天气中成为"死亡之城"的原因，但同时也在每个主题下描绘了很多生动的情境。林耀华（2015）对一个闽南家族的案例报告《金翼：一个中国家族的史记》则主要采取了情境型的呈现方式，这也体现在其副标题"一个中国家族的史记"上。作者依照时间顺序讲述了一个家族兴衰沉浮的故事，而一些关于个人、家庭、宗族、土地、信仰等的理论主题则隐含在书中的不同位置。

在多案例研究报告中，陈向明（2004）的《旅居者和"外国人"：留美中国学生跨文化人际交往研究》考察了九位留美中国学生的跨文化人际交往。其报告仅在开头用一章完整地讲述一个案例的故事之后，便主要采取了类属型的呈现方式，用七章分别呈现了七个重要主题；每个主题内的讨论结合了情境型的呈现方式，引述不同个案的故事片段。也就是说，该报告的主体部分是跨案例的分析。与之不同，克拉克（2003）的《建立创业型大学：组织上转型的途径》考察了五所创业型大学。其报告的开篇简要综述了创业型大学的五个要素，之后的主体内容则采取情境型的呈现方式，用五章来分别呈现五所案例大学的转型故事，而每个案例故事的呈现也兼顾了报告开篇综述的五个要素。因而该报告的主体部分是每个案例的独立故事。

总之，案例研究报告的呈现方式大体上有类属型、情境型和二者结合型，它们都同样适用于单案例研究和多案例研究，写作中需要研究者结合实际情况灵活地选择。

第二节 案例研究的推广和运用

在完成案例研究报告之后，我们的研究是否就此停止了呢？从研究的角度来看，的确如此。不过，案例研究方法本身，以及良好地运用该方法所得到的研究成果其实还大有可为，能够对学术甚至实践领域产生很多知识上和实践上的变革性影响。这一节我们就简要地探讨案例研究发现的推广，并结合实例来说明案例研究方法的广泛运用。

一、案例研究结果的推广

如同第三章所谈到的，好的案例研究除了需要对案例本身做出翔实可靠的描述和解释（具有内部效度）以外，还要能够"走出个案"，对类似的现象和问题提供一定的解释，即具有外部效度。案例研究的外部效度并非来自量化研究的统计性归纳，而来自分析性归纳，即在理论假设指导下开展案例研究，再通过案例来生成理论解释，从而实现对更广泛现象和问题的解释。无论是单案例研究还是多案例研究，只要设计得当、研究扎实，均能通过分析性归纳实现其外部效度。因此，采用案例研究方法的研究者需要有"方法自信"，相信案例研究成果的推论价值。

　　事实上，案例研究结果的影响范围不仅限于学术圈，还可以为实践领域带来变革。比如，对学生的自主学习行为进行案例研究，也许能够检验或发展现有的学习理论，从而帮助教师更好地指导学生学习；对卓越教师进行案例研究，也许能够帮助我们发现教师卓越的原因和条件，从而推动教师教育实践的发展。如果我们的研究问题是来自实践的困惑，能够通过案例研究得到解答，并且我们希望用自己的研究成果来"反哺"实践、革新人们的认识和实践方式，那么这些工作就远不能止于研究报告的撰写，还需要有意识地计划如何推广研究结果。这涉及一系列新的问题，比如：在什么层面推广研究结果，是个体层面、自己所在的组织层面还是更广泛的区域层面？通过什么方式来推广和实现影响，如举办培训或工作坊、编写指南、提交政策建议等？由谁来负责推广，自己、研究合作者还是其他专业机构？

　　为了回答上述一系列问题，我们需要进一步明确自己究竟希望达到什么成效。联系前文，这种成效属于"行动取向的"，但对于我们试图产生影响的对象和影响的类型还可以进一步细分。例如，影响对象可以细分为决策者、守门人、实践者、大众等，成效类型可以细分为知晓、理解、认可、采纳、运用等（见表6.2），将这两个维度结合思考，便能够进一步聚焦推广的目标、采取的方式、实现的主体。

表 6.2　推广规划目标矩阵（改编自 Miles et al. ，2008：436）

成效类型	影响对象			
	改革者/决策者	守门人/意见领袖	实践者	大众
知晓				
接受基本信息				
理解				
认可				
采纳				
运用/执行				
统整				
列为例行活动				

　　当然，在实践领域推广案例研究结果是与研究活动本身差异极大的工作，这种全新的工作对时间、精力和能力提出的要求可能很高。合理定位推广目标，长线规划、循序渐进，借助专业实践机构的力量，等等，能够帮助我们更好地从事这一工作。

二、案例研究在多领域的运用

　　案例研究方法由于长于建构理论等优点而在社会科学诸多领域得到广泛应用，除了前几章先后提到的作品以外，我们在这里再简要列举若干运用该方法的研究实例，既包括经典著作，也有晚近的研究，以期为读者的阅读和研究工作提供更多的指南和参考。

　　社会学一直长于运用案例研究方法。马克斯·韦伯在《新教伦理与资本主义精神》中对新教伦理的研究就属一例。他试图分析资本主义精神在西方社会尤为发达，而在中国、印度等文明古国却不成气候的原因，并通过考察宗教得到答案，即欧洲地区的加尔文教派为资本主义精神的发展提供了动力，因为加尔文教派的教义是上帝依据人们在现世的成功与否来决定他们是否得到救赎，这激励信徒们努力工作并将金钱用于生产活动；相比之下，其他地区的宗教都缺乏类似的教义（韦伯，2010）。韦伯对多个宗教的分析在比较宽泛的意义上可以视为一种多案例研究。再如，皮埃尔·布尔迪厄（Pierre Bourdieu）在《国家精英：名牌大学与群体精神》中对法国的巴黎高等师范学校和国家行政学院等的对比。他将这些名牌大学分为知识型大学和权力型大学，并进一步讨论了不同类别大学中的生源背景、学生惯习以及毕业生去向等问题，揭示出法国精英大学在社会不平等再生产中的角色。（布尔迪厄，2018）此外，诸如约瑟夫·本-戴维（Joseph Ben-David）在《科学家在社会中的角色：一项比较研究》中对英、法、德、美等国科学组织和科学家的探讨（本-戴维，2020），以及安迪·格林（Andy Green）在《教育与国家形成：英、法、美教育体系起源之比较》中对几国教育和国家起源的探讨（格林，2004），都是运用案例研究方法的例子。中国本土也不乏社会学领域的案例研究，如费孝通（2001）及其与张之毅（2006）分别在《江村经济：中国农民的生活》《云南三村》中对开弦弓村、易村、玉村和禄村所开展的研究，以及应星（2001）、周雪光（2017）等学者的工作。

在政治学领域，亚历克西·德·托克维尔（Alexis de Tocqueville）的《旧制度与大革命》可以视为对法国革命的一个案例研究。他通过大量的档案材料，如土地清册、赋税簿籍、奏章、大臣间的通信、三级会议记录、农民起义的资料等，详尽地描绘了旧制度下的农民生活、贵族地位、中央与地方行政、教会、土地等具体情况，回答了大革命为何爆发在法国的问题。（托克维尔，1992）再如，格雷厄姆·艾利森（Graham Allison）等人的《决策的本质：还原古巴导弹危机的真相》也是一个经典的单案例研究。作者分析了美苏争霸时期的古巴危机的整个过程，从美国和苏联参与这次活动的身份来解释双方各行动步骤的原因。（艾利森 等，2015）此外，克兰·布林顿（Crane Brinton，1965）的《革命的解剖学》对英、法、俄、美四个国家的政治革命过程的研究，以及巴林顿·摩尔（Barrington Moore Jr.）的《专制与民主的社会起源·现代世界形成过程中的地主和农民》对英、法、美、中、日、意等六个国家的社会转型的对比研究（摩尔，2013），虽然都是历史研究，但在一定程度上也可以视为多案例研究的例子。

教育研究领域亦有很多经典研究运用了案例研究方法，其中一种与上述政治学领域的多案例研究有类似之处，即以多个国家的政治或教育制度为案例进行跨国比较分析。例如，克拉克（2001）在《探究的场所：现代大学的科研和研究生教育》中对德、英、法、美、日等五个国家的研究生教育制度的比较研究，以及约翰·范德格拉夫（John H. Van de Graaff）在《学术权力：七国高等教育管理体制比较》中对德、意、法、英等七个国家的高等教育管理体制的案例分析（范德格拉夫，2001），都是这类典型。此外，以学生（如陈向明，1996）、教师（如叶菊艳，2015；朱志勇 等，2018）或学校（如应星，2017；金顶兵 等，2003）为个案的案例研究也屡见不鲜。比如，陈向明的《王小刚为什么不上学了：一位辍学生的个案调查》以一位辍学生王小刚为个案，深入探讨了农村中小学生辍学的现象，成为本土教育个案研究的经典。

除了上述提及的众多例子以外，在经管（毛基业，2020；王梦洽 等，2019）、法学（章志远，2012；周江洪，2013）、心理学（王进，2008；夏宇欣 等，2013）、社会工作（丁瑜 等，2013；邱玉函，2008）等领域中，案例研究都是重要的研究方法，产生了许多优秀的成果。可以说，案例研究方法是一种非常实用的工具，能在众多领域和场景中大展身手，为学术研究和实践工作提供有价值的帮助。

三、案例研究用于评估

除了上述列举的各领域中的研究成果，案例研究方法还可以作为一种非常实用的评估方法或技术用于项目评价实践。关于如何进行案例研究评估，殷（2014）在《案例研究方法的应用》当中有详细的指导，我们在这里仅简要地做一介绍，感兴趣的读者可以参阅殷的著作。

"评估是以资料来评价某一活动——某个项目、实践、工程或某项政策等——完成情况的研究。"（殷，2014：190）评估活动在强调绩效、考核、审计的现代社会中十分常见，任何主体

(如政府、公司、学校甚至个人等）在实施一个新的方案、项目或计划以后，自然希望知道这一方案是否达到预期目标，方案产生了哪些意图或非意图的效果，各种效果何以产生。一些人可能还想知道，方案的哪些部分运行良好，哪些部分需要改进，方案对不同的利益相关者来说分别意味着什么，等等。进行项目评估就是回答这一系列问题的过程。这些问题不仅涉及"是什么"，还包括"为什么""怎么样""意味着什么"等过程性和意义性问题。而用案例研究方法来回答这些问题尤为有效，因为它能够结合多种资料收集方法的优势，关注过程、情境和关系因素。相比之下，若采用实验法、调查法等方法来进行项目评估，则通常只能关注到项目中的少数几个变量，在统计层面上揭示变量之间的联系，而难以呈现现象背后的具体发生过程和机制，也很难捕捉到项目实施过程和情境中众多复杂的因素，在回答与各利益相关者有关的意义类问题上也显得乏力。此外，采用实验法或调查法进行项目评估对研究条件的要求远甚于案例研究，后者在项目实施的真实情境中即可开展，而实验法要求设置控制组，控制无关变量，调查法可能要面临调查对象数量有限或者样本流失的问题。综合来看，案例研究方法在项目评估上独具优势。

使用案例研究方法来开展评估工作并不要求方法本身做出任何重大的调整，其基本步骤仍然是在设计研究方案（包括明确问题、提出理论假设、界定案例、设计资料收集和分析方案等）的基础上，运用多种资料收集方法来收集翔实的案例资料，然后通过资料分析获得对案例的整体性认识。唯一值得注意的是对案例和分析单位的界定：在用案例研究方法来评估一个项目或者方案时，案例并不是实施项目或方案的主体（如政府、公司、学校等），项目或方案本身才是。举例而言，如果某大学发起了一项旨在提高本科生学业投入度的教学改革项目，改革措施集中在课程设置、教学方式和课外活动建设等三个方面，若要使用案例研究方法来对该项目的成效进行评估，那么此处的案例就是这一教学改革项目，而不是该大学、教师或者学生。

此外，殷建议案例研究评估中的理论假设应当具体化，落实为"逻辑模型"，即对项目或方案能（或不能）产生预期结果的因果链条做出推测。当然，提出理论假设时也需要考虑各种可能的竞争性假设。他指出在项目评估中常用的典型逻辑模型由以下四个要素构成（殷，2014：194）。

投入（inputs）：实施某项活动所投入的财力或人力资源。

活动（activities）：实施的被认为能够产生相关结果的行动。

产出（outputs）：行动所产生的直接结果。

结果（outcomes）：项目行动所产生的长期效果。

也就是说，在案例研究评估中，需要对项目从投入到结果的整个过程做出假设，然后运用前几章介绍的案例资料收集和分析策略来收集和分析与各假设相关的资料，从而检验该项目是如何展开的、实施过程中发生了什么、是否产生了预期的效果以及相应的原因，在此基础上便可以对项目的成效以及背后的机制做出相对可靠的评估，进而得出案例研究评估报告。

总而言之，案例研究方法是一种极具学术价值的研究方法和极具实践价值的研究工具。一项好的案例研究结果可以通过研究者的规划和努力用于实践改革。这一方法不仅被广泛地应用于社会科学研究领域，还可以在项目评估等实践活动中大显身手。

🗒 结语

　　本章主要探讨了如何用好案例研究方法及其成果。首先，完成具体的资料收集和分析工作后，就需要在资料分析的记录和写作基础上推进案例研究报告的撰写。案例研究报告的内容要素包括研究现象与问题、研究目的和意义、背景知识、研究方法的选择和运用、研究结果以及对研究结果的检验等六个部分，而报告的格式体例需要根据报告的交流和发表形式而定。在撰写报告之前，甚至在最初的研究设计阶段，就需要预估报告的主要读者群体（如论文委员会、学界同行、项目资助者、实务工作者和社会大众）以及报告期望达到的成效（如科学的、艺术的、道德的、行动取向的），并有针对性地规划报告的主体内容和行文风格。案例研究结果作为研究报告的主体部分，可以根据案例和所收集资料的特点而采取类属型、情境型以及二者结合型的呈现方式。

　　案例研究结果通过分析性归纳而具备"走出个案"的力量，一些来自实践领域的研究问题可以通过案例研究而反哺实践，这要求研究者有意识地规划研究结果的推广人群、目标和方式。此外，案例研究方法因其长于揭示复杂个案的现状和因果机制等优点，不仅在社会科学诸多领域得到广泛应用，还被用于项目评估等实践工作中，具有很强的应用价值。

（?）**思考题**

1. 你在研究报告的撰写或者其他写作工作中遇到过哪些困难？你是如何克服的？

2. 你的案例研究报告的主要读者群体是什么人？你希望达到什么成效？

3. 根据你实施的试验性案例研究结果，撰写一份案例研究报告。

4. 在你的阅读经历中，有哪些案例研究报告让你印象深刻？这些报告采取了什么呈现方式？

5. 你认为什么样的案例研究结果具备推广到实践领域的潜力？

6. 如果使用案例研究方法来进行项目评估，有哪些注意事项？

拓展阅读

1. 哈利·F. 沃尔科特著《质性研究写起来：沃尔科特给研究者的建议》（李政贤译，重庆大学出版社 2017 年版）这本书提供了很多推进质性研究写作的实用技巧，包括如何着手写作、如何保持写作动力、如何规划发表等，能够帮助我们克服"写作困难症"。

2. 罗伯特·K. 殷著《案例研究方法的应用》（周海涛、夏欢欢译，重庆大学出版社 2014 年版）这本书列举和摘录了多项案例研究的报告，并点评了每项研究如何具体运用了案例研究方法，能帮助我们了解如何用好案例研究方法。

本章第二节列举的众多文献均是运用案例研究方法的典范，学有余力者皆可翻阅。

如何做案例研究

参考文献

艾利森，泽利科，2015. 决策的本质：还原古巴导弹危机的真相［M］. 王
伟光，王云萍，译. 北京：商务印书馆.

本–戴维，2020. 科学家在社会中的角色：一项比较研究［M］. 刘晓，译.
北京：生活·读书·新知三联书店.

布尔迪厄，2018. 国家精英：名牌大学与群体精神［M］. 杨亚平，译. 北
京：商务印书馆.

陈向明，1996. 王小刚为什么不上学了：一位辍学生的个案调查［J］. 教
育研究与实验（1）：35-45.

陈向明，2000. 质的研究方法与社会科学研究［M］. 北京：教育科学出
版社.

陈向明，2004. 旅居者和"外国人"：留美中国学生跨文化人际交往研究
［M］. 北京：教育科学出版社.

丁瑜，李会，2013. 住院康复精神病人日常生活实践中的充权：一个广州
的个案研究［J］. 社会（4）：117-146.

范德格拉夫，2001. 学术权力：七国高等教育管理体制比较［M］. 王承绪，
等译. 2 版. 杭州：浙江教育出版社.

费孝通，2001. 江村经济：中国农民的生活［M］. 北京：商务印书馆.

费孝通，张之毅，2006. 云南三村［M］. 北京：社会科学文献出版社.

格林，2004. 教育与国家形成：英、法、美教育体系起源之比较［M］. 王
春华，王爱义，刘翠航，译. 北京：教育科学出版社.

金顶兵，闵维方，2003. 研究型大学组织整合机制的案例研究［J］. 北京
大学教育评论（2）：86-92.

· 168 ·

克拉克，2001. 探究的场所：现代大学的科研和研究生教育 ［M］. 王承绪，译. 杭州：浙江教育出版社.

克拉克，2003. 建立创业型大学：组织上转型的途径 ［M］. 王承绪，译. 北京：人民教育出版社.

克里纳伯格，2014. 热浪：芝加哥灾难的社会剖析 ［M］. 徐家良，孙龙，王彦玮，译. 北京：商务印书馆.

林耀华，2015. 金翼：一个中国家族的史记 ［M］. 庄孔韶，方静文，译. 北京：生活·读书·新知三联书店.

毛基业，2020. 运用结构化的数据分析方法做严谨的质性研究 ［J］. 管理世界（3）：220-225.

摩尔，2013. 专制与民主的社会起源：现代世界形成过程中的地主和农民 ［M］. 王茁，顾洁，译. 上海：上海译文出版社.

邱玉函，2008. 社会工作理论视野下的农村机构养老：对湖南省 W 市 L 乡敬老院的个案研究 ［J］. 农村经济（6）：71-74.

托克维尔，1992. 旧制度与大革命 ［M］. 冯棠，译. 北京：商务印书馆.

王进，2008. 运动员退役过程的心理定性分析：成功与失败的个案研究 ［J］. 心理学报（3）：368-379.

王梦洺，方卫华，2019. 案例研究方法及其在管理学领域的应用 ［J］. 科技进步与对策（5）：33-39.

韦伯，2010. 新教伦理与资本主义精神 ［M］. 康乐，简惠美，译. 桂林：广西师范大学出版社.

沃尔科特，2017. 质性研究写起来：沃尔科特给研究者的建议 ［M］. 李政贤，译. 重庆：重庆大学出版社.

夏宇欣，周仁来，2013. 基于应激反应调节拟定失眠治疗方案的个案研究 ［J］. 中国临床心理学杂志（6）：997-1003.

叶菊艳，2015. 改革开放以来中小学教师身份认同的建构及其类型：基于
　　历史社会学视角的案例考察［J］. 北京大学教育评论（4）：143-
　　161，188.

殷，2014. 案例研究方法的应用［M］. 周海涛，夏欢欢，译. 重庆：重庆
　　大学出版社.

殷，2017. 案例研究：设计与方法［M］. 周海涛，史少杰，译. 重庆：重
　　庆大学出版社.

应星，2001. 大河移民上访的故事：从"讨个说法"到"摆平理顺"［M］.
　　北京：生活·读书·新知三联书店.

应星，2017. 新教育场域的兴起：1895—1926［M］. 北京：生活·读书·
　　新知三联书店.

章志远，2012. 行政法案例研究方法之反思［J］. 法学研究（4）：20-23.

周江洪，2013. 作为民法学方法的案例研究进路［J］. 法学研究（6）：
　　19-23.

周雪光，2017. 中国国家治理的制度逻辑：一个组织学研究［M］. 北京：
　　生活·读书·新知三联书店.

朱志勇，阮琳燕，2018. "自我革命"的挑战：一位大学教师的"祛魅"
　　之路［J］. 教师教育研究（4）：80-91.

BRINTON C，1965. The anatomy of revolution［M］. Revised and Expanded
　　ed. New York：Vintage.

MILES M B，HUBERMAN A M，2008. 质性资料的分析：方法与实践［M］.
　　张芬芬，译. 重庆：重庆大学出版社.

1. 案例研究（case study）

案例研究是在自然情境中，在理论指导下通过多种方式收集和分析资料，以深入探究一个或一组案例，从而揭示当下某种现象及其内在特质的研究。其中，"案例"是有一定时空边界的一个单位，它可以是某个人、某个人群、某个组织、某个事件或某项行动。

2. 中层理论（middle-range theory）

由社会学家罗伯特·默顿（Robert K. Merton）提出，指对一定边界和复杂程度内的现象有解释力的理论，比如角色理论、有限理性理论、交易成本理论等。其关注的对象大小、解释范围和抽象程度介于宏大理论（如进化论）与细微理论（生活中的常识推理）之间。默顿提倡社会科学应致力于建构中层理论，这也是案例研究的旨趣和优势。

3. 逐项复制（literal replication），差别复制（theoretical replication）

逐项复制与差别复制是多案例研究中选择个案的两种方式。

逐项复制是指根据研究假设中的关键要素，选择本质上相似的若干个案。逐项复制能够检验在相似的若干个案中是否出现了同样的现象或事件，以实现多次、重复验证理论假设。

差别复制是指根据研究假设，选择在关键要素上存在区别的若干个案。其目的在于通过预知的原因，在差异化的个案中得到相异的结果，从而验证或者排除竞争性解释。

4. 竞争性解释（rival explanation）

竞争性解释是对同一个问题的多种有待检验的可能解释。在案例研究中，应从现实问题、理论和逻辑上寻求所有合理的潜在解释，并作为相互竞争、有待检验的理论假设，通过资料收集和分析来验证或排除各假设，从而得到坚实可靠的结论。

5. 混合方法研究（mixed methods research）

混合方法研究是指结合量化研究和质性研究以共同回答研究问题、实现两种方法的互补优势的研究。

6. 三角验证（triangulation）

三角验证也称三角互证，是指收集一种以上来源的资料并相互检验，从而确保所收集资料的可信度。在更宽泛的意义上，三角验证可分为多种资料来源的三角验证、多位研究者的三角验证以及多种方法的三角验证。三角验证是提高案例研究内部效度的重要策略。

7. 文献综合分析（meta-analysis method）

文献综合分析又称为元分析，是一种"分析的分析"。它广泛用于医学、心理学和教育学等领域，通过收集实验研究或准实验研究所得的数据，进而计算特定处理变量的平均效应，其使用前提是存在大量的具有可比性的量化研究文献。

案例研究领域中的一个新发展是案例研究综合分析，即系统地收集和对比同一主题的案例研究文献，提取各案例研究中的关键要素，以此建立案例数据库并进行系统化和结构化的分析，从而寻找出其中的潜在模式。

8. 探索性研究（exploratory research），描述性研究（descriptive research），解释性研究（explanatory research）

根据研究由浅入深的三个层次，可将学术研究分为探索性研究、描述性研究和解释性研究三类。探索性研究多为初步的研究，旨在熟悉相关的基本事实、初步提炼研究问题并决定深入研究的必要性与方案。描述性研究旨在对某一现象做出详细报告，回答"什么人""什么事""在哪里"一类的问题，例如人口普查研究。解释性研究旨在对事物或现象的因果关系与机制做出解释，以使人们了解某一现象的前因后果，这往往是大多数社会科学研究隐含的追求。

9. 整体性案例研究（holistic case study），嵌入性案例研究（embedded case study）

根据分析单位的数量，案例研究可以分为整体性案例研究和嵌入性案例研究。分析单位是指资料收集和分析的单元，整体性案例研究只有一个分析单位，即案例本身；嵌入性案例研究除了案例本身以外，其内部还包含次级分析单位。

10. 典型的案例（typical case）

典型的案例是指集中地、最大限度地体现了某一类社会现象的共同属性的案例。对典型的案例的全面考察以及由此得到的一般性结论,有助于我们理解该案例所承载的同类现象。

11. 统计性归纳 (statistical generalization),分析性归纳 (analytic generalization)

统计性归纳与分析性归纳是实证研究中结论推广性的两种不同来源。

统计性归纳是指依据随机原则从总体中抽取一定的样本进行研究,根据统计推论的规则把对样本的研究发现推广至总体。它强调样本对总体的代表性以及数理统计技术的严格运用,是调查研究的逻辑基础。

分析性归纳是指通过对典型的案例的研究,抽象出更一般的概念或理论,由这一概念或理论来认识和解释案例所承载的更广泛的现象。分析性归纳是案例研究的逻辑基础。

12. 反常的案例/极端的案例 (unusual case; extreme case)

反常的案例或极端的案例是典型的案例的反义词,指完全不同于一般的、普遍的或"正常"情况的案例,是极为特殊甚至独一无二的案例。

13. 启示性的案例 (revelatory case)

启示性的案例指对十分重要或普遍,但研究情境很难进入、研究资料难以获得的社会现象进行研究的案例。这样的案例能呈现以往很难获知的情况,具有开拓性和启示性。

14. 追踪性的案例 (longitudinal case)

追踪性的案例是指在不同时间点对同一个案例进行考察,以呈现其发展变化的案例。

15. 批判性的案例（critical case）

批判性的案例是指与现有理论解释相悖的案例，这样的案例研究有助于批判性地检验和发展已有理论。

16. 信度（reliability）

在社会科学研究中，信度总体上是指研究的可重复性。在案例研究中，信度指研究的方法、数据和结论等连贯一致，让人信服。

17. 内部效度（internal validity）

案例研究的内部效度是指研究过程和研究结果本身的质量，如研究过程是否严谨、对案例的描述是否符合现实情况、研究所使用或建构的理论对案例是否有解释力等。

18. 外部效度（external validity）

外部效度又被称为推论效度，即研究结论在多大程度上可以推广到案例之外的情境。外部效度以内部效度为前提。

19. 试验性案例研究（pilot case study）

试验性案例研究又称前导性案例研究或试点性案例研究，是指在进行正式的案例研究之前，先试验性地进行规模较小、难度较低的案例研究，以检验当前研究计划的可行性、发现潜在问题以及预估时间和经济成本等，从而完善研究设计、获得实际经验，保证正式研究的顺利开展。

20. 接触摘要单（contact summary form）

接触摘要单是质性研究中访谈资料或观察资料的初步分析工

具，内容主要是对每次访谈或观察的主题归纳和重要性总结。在访谈、观察等人际接触后立即填写接触摘要单，并将其与原始资料一并整理归档，有助于及时记录第一印象、引发反思、提示后续资料收集和分析的线索。类似地，对所收集的文件资料也可以整理文件摘要单。

21. 编码（code）

编码是指给有意义的资料片段"贴标签"（或者说"赋予代码"）的过程，是质性资料分析的基础性工作。编码的目的是从繁复的原始资料中提取、浓缩出简洁的关键信息，以之作为进一步分析的素材，从而减轻后续分析的认知负担。

22. 类属分析（categorizing analysis），情境分析（contextualizing analysis）

类属分析和情境分析是质性资料分析的两个重要策略或路径。类属分析是指在资料中寻找反复出现的现象以及可以解释这些现象的重要概念的一个过程；情境分析是指按照故事发生的时序对有关事件和人物进行描述性的分析。

类属分析是变量取向的分析路径，旨在提取案例的本质或核心要素；情境分析是过程取向的分析路径，旨在呈现案例发展变化的情境和过程。案例研究的资料分析需结合这两种路径。

出　版　人　郑豪杰
责任编辑　翁绮睿
版式设计　孙欢欢
责任校对　白　媛
责任印制　叶小峰

图书在版编目(CIP)数据

如何做案例研究／周海涛，郭二榕著. — 北京：
教育科学出版社，2022.6(2023.9 重印)
　(质性研究方法锦囊丛书／陈向明主编)
　ISBN 978-7-5191-3060-2

Ⅰ.①如…　Ⅱ.①周…②郭…　Ⅲ.①案例—研究
方法　Ⅳ.①G312

中国版本图书馆 CIP 数据核字(2022)第 056442 号

质性研究方法锦囊丛书
如何做案例研究
RUHE ZUO ANLI YANJIU

出版发行	教育科学出版社		
社　　址	北京·朝阳区安慧北里安园甲 9 号	邮　　编	100101
总编室电话	010-64981290	编辑部电话	010-64981167
出版部电话	010-64989487	市场部电话	010-64989009
传　　真	010-64891796	网　　址	http://www.esph.com.cn
经　　销	各地新华书店		
制　　作	北京金奥都图文制作中心		
印　　刷	三河市兴达印务有限公司		
开　　本	890 毫米×1240 毫米　1/32	版　　次	2022 年 6 月第 1 版
印　　张	5.75	印　　次	2023 年 9 月第 3 次印刷
字　　数	105 千	定　　价	32.00 元

图书出现印装质量问题，本社负责调换。